SERRURERIE

ET

FONTE DE FER.

TABLE

DES MATIÈRES.

INTRODUCTION

A LA SERRURERIE ET A LA FONTE DE FER.

L'OBJET de ce Recueil est de propager le bon goût, en faisant connaître aux Artistes les beaux modèles exécutés récemment dans la capitale, l'application des ornemens fondus à la menuiserie et à la serrurerie, ainsi que l'usage de la fonte de fer dans les machines et dans les diverses constructions.

La fonte de fer ne servait autrefois que pour les fourneaux et pour les plaques de cheminées ; les ornemens en étaient rustiques. Mais, depuis quelques années, l'art du fondeur s'est tellement perfectionné, que la fonte de fer est employée à reproduire les plus beaux ouvrages, et les ornemens fondus peuvent être en mis en parallèle avec ceux en cuivre les mieux ciselés.

Dans les cahiers 1, 2, 3, 9, 10 et 11, on verra les diverses combinaisons de ces modèles d'ornemens fondus, les ressources qu'ils offrent à l'Artiste qui peut multiplier ses compositions à l'infini, au moyen des beaux motifs qu'on trouve tout fondus dans plusieurs ateliers de Paris. Les exemples de portes faites pour des maisons de particuliers ont été ajustés avec des modèles d'ornemens pris dans trois ou quatre ateliers différens.

On sera surpris de ne pas trouver, dans l'ordre des premières planches, la belle porte de la colonnade du Louvre, dont les riches panneaux en bronze ont formé le goût des Artistes modernes, ainsi que la superbe porte du château de Maison (1), qu'on a eu l'heureuse idée de placer au Musée du Louvre, salle d'Apollon (2) ; et enfin les pentures des portes de l'église de Notre-Dame de Paris (3).

Les premières feuilles de l'ouvrage sont composées de portes cochères et de portes

---

(1) Elles ont été données dans l'ouvrage *des Portes cochères*, par Krafft, (Paris, chez Bance.)
(2) On en trouve les dessins dans *la Serrurerie* publiée par le même.
(3) *Idem.*

d'hôtels, exécutées depuis trois ou quatre ans. Elles sont toutes remarquables par la beauté de leurs panneaux formés d'ornemens en bas-reliefs, appliqués ou posés à jour et formant deux paremens. Quant au travail de la fonte, il peut être regardé comme parfait, vu que la matière n'offre pas les mêmes ressources que la fonte de cuivre que l'on peut ciseler, et qui permet ainsi de changer en partie les détails qui ne conviennent point, soit pour le goût d'exécution, soit à cause des défauts de la fonte. C'est dans les ornemens en fonte que se décèlent le goût et l'adresse de nos plus habiles ornemanistes, et que sont rendus les dessins des Architectes modernes qui ont su mettre à profit leurs études en Grèce et en Italie.

EXPLICATION DES PLANCHES.

PREMIER CAHIER.

PLANCHE 1.

ELLE représente la porte et la fermeture du Trésor royal de France, du côté de la rue Mont-Thabor. Cette porte a été exécutée, en 1826, sur les dessins de M. Destailleurs, architecte; les figures sont de M. Romey, fils; les ornemens sont de M. Plantar, la fonte sort des ateliers de M. Talabot. La porte est en bois; les ornemens, exécutés en zinc sont figurés de deux côtés, et en ronde bosse : le tout peint en bronze.

PLANCHE 2.

PORTE, RUE DE LA PAIX, nᵒ 26.

La porte, proprement dite, était donnée, et c'est M...., architecte, qui a ajusté les cintres et les deux vantaux *a b*, et les pilastres *c d*, *e f*, enrichis de panneaux avec ornemens. Ces panneaux, au nombre de six, ne s'ouvrent pas; ils sont à jour, et servent à éclairer le vestibule; le cintre est vitré; le tout est bronzé; l'exécution est de 1830.

MOITIÉ D'UNE PORTE, RUE TARANNE, nᵒ 9.

Les ornemens sont combinés de manière à remplir les panneaux et le cintre qui sont à jour. Les croisillons placés en diagonale dans les panneaux, sont les mêmes que ceux placés dans le cintre, peint en bronze et bronzé, exécuté en 1829.

PORTE, RUE DE LA MADELEINE, nᵒˢ 15 et 15 bis.

Le demi-cintre sert à éclairer un entresol. Les panneaux placés au-dessous ne s'ouvrent pas; ils contiennent les numéros et des plaques d'assurance. Les portes sont peintes en bronze vert de gris.

PLANCHE 3.

PORTES ET BOUTIQUES, BOULEVARD SAINT-DENIS. (1)

Une grille à jour dont tous les ornemens sont en fonte de fer, peints d'une manière bronzée; elle donne passage aux voitures. Une autre grille, semblable à la première, donne entrée à un vestibule et à un escalier. Toutes les boutiques, au nombre de neuf, sont de même grandeur; chaque cintre sert à éclairer un entresol; les espaces entre les caducées sont remplis par des glaces. La petite porte est encadrée par des bois garnis de cuivre. (*Voir* pl. 10, fig. 9) Quelquefois, les côtés de la porte sont fermés par une seule glace,

comme le côté gauche de celle-ci. (Par M. Alexandre Dubois, architecte, 1829).

PLANCHE 4.

PORTES DU MONUMENT EXPIATOIRE.

(Voir l'ensemble du monument.) (1)

FIGURE 1. — *Fermeture de la première porte d'entrée.* La porte est en bois, elle est bronzée; les ornemens sont en fonte de fer et dorés.

FIGURE 2. — *Profil de la porte.*

FIGURE 3. — *Deuxième porte.* Elle est à claire-voie, comme la précédente; tous les ornemens sont dorés.

FIGURE 4. — *Porte d'entrée de la chapelle.* Le chambranle et la corniche sont en pierre et font partie du monument; les moulures des panneaux, les couronnes et les croisillons sont en cuivre doré, ainsi que les clous; les champs sont en bois et peints en bronze; les panneaux sont fermés par une glace dépolie. Le profil 5 indique les glaces et les couronnes qui les recouvrent de chaque côté. La décoration intérieure est la même.

PLANCHE 5.

Ces deux portes, de même forme, diffèrent dans leurs proportions. Celle de la rue de Londres (1) a été ajustée avec des ornemens en fonte de fer, que l'on trouve tout faits dans le commerce. Il en est de même de la porte du quai de la Cité; la combinaison de son cintre et de l'encadrement des panneaux à jour, est d'un bon effet. On en voit le détail sur la planche 6. L'auteur, M. Châtillon, a également fait la porte suivante.

PLANCHE 6.

Il y a beaucoup d'art dans la composition de ces panneaux et des clous, grands et petits; la combinaison de ces rosaces est fort remarquable, comme on peut le voir dans les détails. Les fers qui encadrent tous ces ornemens sont parfaitement travaillés et très-recherchés dans leurs formes. Cette porte donne entrée au vestibule où se trouve l'escalier de la maison, et sert à l'éclairer. Les ornemens sont peints en bronze; le bois est de couleur amarante. Un chambranle en pierre encadre cette porte avec élégance. A côté, on voit le profil de la porte.

DEUXIÈME CAHIER.

PLANCHE 7.

Le beau naît de l'ensemble, de la proportion; il nous intéresse par ses formes, par ses détails; et si ces derniers ne suffisent pas pour constituer le beau, du moins ils nous intéressent et nous charment par l'ordonnance et le rapport de toutes les parties, quels que soient les matériaux qui entrent dans cette ordonnance. Dans cet exemple, les vantaux sont

partie en bois et en fonte de fer. Ces deux portes sont belles, quoique de proportions différentes : l'une se présente seule et se détache sur un mur lisse; l'autre fait partie d'un ensemble de décoration d'architecture. La porte, située passage Sainte-Marie, a de l'idéal; les détails qui l'enrichissent sont d'un bon choix. L'artiste a moissonné partout

(1) Voir l'ensemble gravé dans le Choix des maisons, édifices et monumens publics exécutés à Paris, de 1820 à 1830. A Paris, chez Bance, aîné.

dans les monumens grecs, romains et dans ceux de la renaissance; l'œil y retrouve tous ces genres, et l'on pourrait dire avec Voltaire (*Temple du Goût*):

> Simple en était la noble architecture;
> Chaque ornement, à sa place arrêté,
> Y semblait mis par la nécessité.
> L'art s'y cachait sous l'air de la nature;
> L'œil satisfait embrassait sa sculpture,
> Jamais surpris et toujours enchanté.

L'une des portes, celle qui a le chambranle orné, se voit passage Sainte-Marie, n° 9, rue du Bac. Elle est composée par M. Plantard, sculpteur, et exécutée dans ses ateliers. Les panneaux et les moulures ornées sont en fonte de fer.

L'autre se voit rue Neuve-des-Mathurins.

Ces deux portes donnent sur la voie publique, et servent à éclairer le vestibule de la maison.

PLANCHE 8.

FIG. 1 à 8. Divers panneaux en fer et en fonte de fer, ajustés à des portes en bois, donnant sur la voie publique, et servant à éclairer le vestibule de la maison.

MOITIÉ D'UNE PORTE COCHÈRE, RUE MONSIGNY.

Les ornemens et les moulures sont en fonte de fer, et ajustés à la menuiserie avec beaucoup de goût et d'ensemble. Le tout est peint en bronze. Les autres panneaux sont aussi peints en bronze; plusieurs ont leurs bois peints en chêne.

PLANCHE 9.

PORTES DANS DES MURS DE CLÔTURE.

Les ornemens sont en fonte de fer. La porte, située boulevard de la Reine, à Versailles, a ses clous et ses baguettes peints en bronze, et sa menuiserie en jaune rouge. L'effet est très-original. Sur la même planche, une série de clous et de patères servant de clous, que l'on trouve chez divers fondeurs de Paris.

PLANCHE 10.

PORTES D'ALLÉE AVEC BOUTIQUES.

Celle du boulevard Saint-Martin fait partie du café de Malte; ornemens en fonte.

FIGURE 1. — *Plan et élévation d'une boutique*, dont la porte A forme l'entrée de la maison, et la porte B, celle de la boutique.

FIG. 2. — *Devanture de boutique en fer*. D, porte d'allée, C, porte de la boutique. A droite de la boutique, plan, profil et élévation de la fermeture de boutique; les volets sont en tôle. Les figures 3 à 36, représentent une variation de petits bois employés dans la fermeture des boutiques 27, 28, 29, qui est en cuivre. (*Voir* les planches 14, 15 et 16.

PLANCHE 11.

PORTES RUE FEYDEAU ET RUE MARSOLIER.

Elles sont en fer et les ornemens en fonte. Celle du milieu de la planche sert de porte d'entrée à un marchand de vin.

PLANCHE 12.

ENTRÉE DES BAINS DU WAUXHALL,

Sa grille et ses détails.

TROISIÈME CAHIER.

FERRURES DES PORTES, GRILLES ET COURONNEMENT.

PLANCHE 13.

FIGURE 1. — *Porte cochère avec ses ferrures.*

FIG. 2 à 24. — *Portes d'écluse* avec les nouveaux moyens de construction, et dont la serrurerie peut recevoir beaucoup d'applications. La figure 2 donne différentes ferrures disposées de manière à maintenir les assemblages. Les équerres et les T sont généralement employés : il ne faut pas multiplier et rapprocher les boulons, ils font fendre les bois quand ils sont sur la même ligne; on doit préférer les ferrures qui embrassent les poteaux et les traverses, comme on en voit en *a*.

FIG. 3, 4, 6 et 7. — *Porte d'écluse* d'un nouveau procédé, par M. Bruyère. Elle offre les avantages suivans : 1° elle évite l'emploi des bois d'un fort équarrissage; 2° et diminue le frottement des poteaux, des tourillons et des colliers en usage; 3° elle offre une surface unie; 4° le rapport du diamètre d'un poteau tourillon ordinaire étant à celui du poteau en fer comme 4 est à 1, le frottement dans le collier diminue dans le même rapport; 5° on évite les bois d'un fort équarrissage; 6° Enfin, l'indépendance de chaque madrier en rend le changement facile. Les figures 3 et 4 en donnent le plan et l'élévation la figure 6 le châssis. Les deux montans et les traverses sont en fer forgé, ainsi que le bracon. Ces formes sont réunies par un assemblage particulier très-solide, qui contribue puissamment à empêcher le changement de forme auquel s'oppose le bracon lui-même. Des madriers doubles et à joints recouverts embrassent le châssis, et sont liés entre eux par des petits boulons, de manière à ne former qu'un seul corps.

FIG. 5. *Autre châssis* du même auteur. On y conserve le châssis et les entretoises ordinaires en bois, en diminuant l'équarrissage, ce qui permet une armature en fer carré, encastrée de toute son épaisseur dans le châssis dont elle maintient la forme et les assemblages. Cette armature, à peu près semblable à la précédente, reçoit un tirage diagonal en ferme plat, qui ne forme avec elle qu'un seul système, et qui remplace avantageusement le bracon en fer carré de la porte précédente.

Pour le montant de la crapaudine à chapelle renversée, voir fig. 20, 21 et 22.

FIG. 8 et 9. — Plan et élévation d'un collier de porte d'écluse, exécuté au canal de la Meuse au Rhin.

FIG. 10, 11, 12 et 13. — Détails relatifs à l'engrenage, et aux rubans métalliques qui peuvent le remplacer, pour faire mouvoir les portes. La hauteur de la moise permet d'employer deux rubans de chacun huit centimètres de largeur, dont le premier sera fixé à l'un des angles de la moise, et le second à l'angle opposé. Ces deux rubans sont également fixés à l'axe, au pignon vertical. Par ce moyen, l'un des rubans s'enroule autour de l'axe mis en mouvement par une manivelle, tandis que l'autre se déroule : ce qui remplace l'engrenage. Dans quelques circonstances, cet engrenage pourrait être divisé sur la hauteur, qui est très-grande, en faisant contraster les dents supérieures et inférieures. Fig. 12 et 13,

Exemple d'un engrenage divisé sur la hauteur, et dans lequel les dents supérieures sont placées au-dessus des vides, entre celles inférieures, ce qui tend à rendre le mouvement plus uniforme et plus doux.

Fig. 14 à 24. — Colliers et tourillons embrassant le poteau-tourillon. Fig. 14. Moyen pour retenir le poteau supérieur, et dont le frottement se trouve diminué dans le rapport du diamètre du poteau à celui d'un axe en fer.

Les figures 23 et 24 donnent la coupe horizontale et verticale d'une ferrure de la partie inférieure du poteau-tourillon : celui-ci est terminé par une crapaudine à chapelle renversée, et dans laquelle pénètre un pivot scellé dans le radier. Une espèce de gond renversé est fixé à la partie supérieure du même montant, et aplomb du pivot. Ce gond entre dans un petit collier scellé dans le bajoyer, et au-delà duquel il n'a qu'une faible saillie. Il résulte de cette disposition, que, d'une part, le frottement dans le collier est réduit dans le rapport du diamètre des anciens poteaux-tourillons à celui du gond, c'est-à-dire, à peu près comme 6 est à 1; et, de l'autre part, que ce gond n'étant pas placé dans l'axe du poteau, le mouvement de la porte devient excentrique, et s'opère de manière qu'il n'y a juxta-position du poteau et du chardonnet que lorsque la fermeture est achevée, et que ce n'est qu'au moment du changement de position que le poteau cesse de toucher tous les points, ce qui remédie aux frottemens auxquels les anciens poteaux-tourillons donnaient lieu dans leur révolution. Cette description fera connaître l'explication des autres figures dessinées à côté.

FERRURE DES PORTES INTÉRIEURES ET DES PORTES D'APPARTEMENS.

Fig. 25 à 33. — *Des portes battantes* de corridors, de passages, qui s'ouvrent également en dedans et en dehors, et qui se replacent d'elles-mêmes à leur position de fermeture. Ce résultat peut être obtenu de plusieurs manières : 1° en suspendant la porte sur des pivots qui ne sont pas dans un plan vertical, quoique placés dans le plan de la porte, tels que les pivots *a b*, fig. 27, qui ne sont pas dans la direction de la porte *c;* lorsqu'on l'ouvre, soit d'un côté, soit de l'autre, elle retombe en vacillant pour rester dans sa position naturelle. Fig. 26, plan du gond supérieur.

Fig. 25. — *Ferrure d'une porte* pour le même usage.

Fig. 31 et 32. — Moyen employé pour retenir les portes d'entrée du bazar Montesquieu, qui s'ouvrent en dedans et en dehors. (Voir les fig. 14 à 17, pl. 25.) A l'extrémité du vantail de la porte *e d*, se trouve un affouillement pour recevoir un des pênes *a* ou *b*, fixés aux deux extrémités du ressort *g;* un poids, posé au milieu du ressort, force à descendre les pênes *a* ou *b* dans les affouillemens pratiqués sur l'épaisseur supérieure de la porte, et arrête celle-ci, après une légère oscillation. On peut employer également le verrou fig. 33, placé dans un étui auquel on donne le jeu nécessaire.

PLANCHE 14.

Fig. 1 à 6. — *Plan, élévation et détails de la porte d'entrée de Hyde-Park, du côté de Cumberland.* La figure 1 donne l'élévation du pilier et du milieu de la grille. La largeur des deux portes est brisée et interrompue.

Fig. 2. — *Plan du milieu de la grille,* où se trouve le candélabre porte-lanterne, un vantail de la porte est fermé,

l'autre est ouvert, il s'agraffe à un arrêtoir placé dans une borne.

Fig. 3. — Plan d'un des piliers, avec les bornes portant l'arrêtoir.

Fig. 4 à 6. — Plan, élévation et détails de la borne et de l'arrêtoir de la porte.

Fig. 7. — *Grille placée au Carrousel et servant d'entrée au château des Tuileries.* Les fig. 8 à 13 donnent les détails du plan de toute la grille. — 8, portion du faisceau. — 9, fermeture au droit de l'espagnolette. — 10, au droit de la charnière. — 11, au droit d'un renfort. — 12 et 13, plan de l'ajustement de l'espagnolette et du verrou.

Fig. 14. — Élévation d'une porte exécutée en Angleterre.

Fig. 15. — *Hache d'armes* tirée du Musée d'Artillerie. Elle peut servir de modèle pour couronnement de grille. La hache, la lame carrée qui la termine, ainsi que le marteau à quatre pointes, sont en acier; le reste est en cuivre doré jusqu'à la rondelle, dont le plan supérieur est au-dessous. Le manche est en bois noueux; la réunion, avec la rondelle, est garnie de velours, de bandelettes et de clous dorés. Le travail et la forme sont d'une grande beauté.

Fig. 17 et 18. — Elles sont extraites du même Musée et peuvent servir au même usage. L'*Augon*, fig. 18, peut surtout avoir d'heureuses applications. Je crois qu'on a trop négligé les formes variées des armes anciennes, qui peuvent donner de très-beaux modèles : le choix s'est borné à la lance et à la hallebarde, comme dans la fig. 1. On peut voir une application des idées que j'émets, fig. 1, pl. 17.

PLANCHE 15.

Figures 1 à 7. — *Collection de portes en fer avec ornemens en fonte de fer, exécutées pour divers monumens du cimetière du Père-Lachaise.* Les fig. 2, 5 et 7 sont des portes à deux vantaux. (*Voir* la porte en fer, pl. 66).

GRILLE DU CHOEUR DE L'HOTEL MILITAIRE DES INVALIDES, Par M. Bartholomé, Architecte.

Toutes les parties lisses sont en fer poli; les ornemens en cuivre doré. Cette grille, très-belle et parfaitement exécutée (en 1826), est d'une grande proportion. Elle a coûté 53,309 fr. 42 c. (*Voir* la pl. suiv.; la figure n'en offre qu'une portion).

PLANCHE 16.

SUITE DE LA GRILLE CI-DESSUS.

Cette planche donne les attachemens des travaux de serrurerie. Une partie du faisceau rond et du faiseau carré, est en fonte de fer recouverte de baguettes de fer poli. Les vantaux des portes sont fixés aux faisceaux, et maintenus par une broche qui traverse les sept tenons pratiqués dans toute la hauteur. Excepté ceux des extrémités, chacun des faisceaux tourne sur son axe, et entraîne chaque vantail de la porte. Ces vantaux, qui ont 1 mètre 330 millimètres, ne touchent pas le sol en se développant.

PLANCHE 17.

SERRURERIE EXÉCUTÉE EN ANGLETERRE.

Elle peut, ainsi que les fig. 1 et 14, pl. 14, donner le goût de la serrurerie dans ce pays. La grille est ajustée à l'architecture de la porte avec des crocs. (Voir fig. 15 à 18, pl. 14. Fig. 2, autre grille de jardin. Fig. 3, 4 et 5, couronnement de grille de parc et jardin,

PLANCHE 18.

GRILLES ET COURONNEMENT EN DEMI-CERCLE,
Exécutés dans divers quartiers de Paris.

FIG. 1. — Ce modèle en fonte de fer a été très-multiplié.

— 2, une des deux grilles des escaliers de la chapelle souterraine du monument expiatoire. — 3 et 4, Cité Bergère. — 5, rue Notre-Dame de Nazareth, par M. Feuchère. — 6, au théâtre de l'Ambigu-Comique. — 7 et 8, aux Champs-Elysée. — 9, rue Montesquieu.

QUATRIÈME CAHIER.

BOUTIQUES ET GALERIES VITRÉES.

Les boutiques sont ordinairement de grandes salles ouvertes au rez-de-chaussée, sur la rue, et dont la devanture, entièrement ouverte, se ferme au moyen de châssis et de portes vitrées. De nos jours, le luxe s'est introduit dans les fermetures des boutiques; et il en est des plus riches sous le rapports des matériaux employés à leur décoration. Les planches suivantes vont nous servir d'exemples : les ornemens en fonte de fer et en cuivre y sont très-multipliés.

PLANCHE 19.

Depuis l'exécution de cette planche, deux devantures de boutiques ont disparu (1) : celle de la rue Saint-Honoré, et celle de la rue Montmartre. Plusieurs sont des plus remarquables pour les ornemens en fonte de fer, les dorures et les peintures dont les tons de couleurs sont très-variés. La devanture de boutique de la rue Lepelletier peut être regardée comme un chef-d'œuvre de coloris par le choix et l'harmonie de ses tons. C'est une belle étude de l'architecte. M. Lorifique en a donné les dessins et dirigé l'exécution. Les modèles d'ornemens ont été faits exprès. Elle a été exécutée en 1829.

PLANCHE 20.

BOUTIQUE RUE VIVIENNE, N° 12;

Par M. BILLAUD, Architecte.

L'architecte avait à décorer le rez-de-chaussée d'une maison dont la grande salle devait être divisée en boutiques et en entresol; on devait aussi se ménager la possibilité de former trois boutiques ou deux, à volonté. Chacune des divisions est limitée par un pilastre et des demi-colonnes en fonte de fer. Les fig. 2 et 3 en donnent le plan et l'élévation ; a, b, c, est une portion de la devanture qui sert de montre et où les objets de vente sont placés sous verre. La figure 1 donne en grand le dessin de la corniche et du raccordement des frontons. Les moulures et les ornemens sont peints en bronze, les champs en bois de chêne.

BOUTIQUE DE MARCHANDE DE MODES, RUE VIVIENNE, N° 17.

Le socle est enrichi de plaques de marbre et de cuivre jaune. Les pilastres et la frise sont peints en couleur de chocolat ; les filets et les moulures rehaussés en or. La porte et la fermeture du magasin sont en glaces de toute la hauteur, et sont disposées pour former un tambour $a\,b\,c$; en sorte qu'on se trouve à couvert et à l'abri des voitures quand on ouvre la porte. Les glaces ferment aussi l'espace $d\,e\,f$, destiné à exposer les marchandises de luxe. La figure 4 donne la corniche, un peu plus en grand. Le tout est dans le style grec : moulures, ornemens et peintures.

La boutique du boucher, rue de Sèvres, a du caractère ; elle est bien historiée.

FIG. 5, 6 et 7. — Elles donnent des couronnemens de boutiques avec des retours de corniches dont la saillie est prise sur la boutique et aux dépens de sa décoration, l'artiste n'ayant pu prolonger son retour de corniche sur le mur du voisin.

PLANCHE 21.

ENTRÉE DU CAFÉ DE MALTE,

A l'angle de la rue et du boulevard Saint-Martin, par M. LELONG fils, Architecte.

Les ornemens sont en fonte de fer ; le tout est peint avec art. On regrette de voir de si jolies choses exposées aux injures du temps. L'intérieur, sous le rapport des sculptures et de la peinture, mérite d'être vu et examiné. Fig. 1, portion du plan; fig. 2, petit bois; fig. 3, profil de la porte, du socle et de la base de la colonne en fonte de fer ; fig. 4, profil à-plomb de la fig. 3; fig. 5, détail de la corniche du rez-de-chaussée.

PLANCHES 22 et 23.

PALAIS-ROYAL, GALERIE VITRÉE.

Cette galerie a été exécutée, de 1828 à 1829 (1), par M. Fontaine qui a fait terminer l'ensemble du Palais-Royal. La planche suivante donne le plan et la décoration de cette galerie. La planche 22 offre l'ensemble et les détails des constructions du comble vitré. La fig. 1 représente la coupe sur la largeur de la galerie ; elle fait voir les planchers en fer de l'entresol et ceux qui forment la terrasse ainsi que la coupe du péristyle formant galerie extérieure (*Voir* pl. 24.) et la situation d'un des escaliers en fonte de fer (*Voir* les détails, pl. 57); enfin, le prolongement du tuyau de poêle ou des cheminées qui sont dans les caves, et qui sortent dans les candelabres visibles sur la pl. 23. Fig. 3, plan du comble ; fig. 2, vue par bout; fig. 4, élévation latérale des fig. 2 et 3; fig. 5 à 8, détails d'une ferme, suivant $a\,b$; fig. 7 et 8, assemblages d'un arbalétrier cintré; fig. 9 à 12, plan et élévation suivant $c\,d$; 11 et 12, plan et profils des pannes et des chevrons; fig. 13, 14 et 15, profils des che-

---

(1) Il n'est pas rare, à Paris, de voir changer la devanture d'une boutique une ou deux fois par an, si ce n'est la décoration des formes, au moins la peinture. Un nouveau propriétaire, ou même un locataire, fait changer toutes les dispositions de son devancier; et ce que l'on a produit à grands frais, disparaît après quelques mois d'existence. Tout est détruit : et les soins de l'artiste pour réunir dans un ensemble agréable le choix et l'à-propos des ornemens; et ses études de tons, de couleurs dans les nuances du marbre, et dans l'imitation des camées qui enrichissent les champs d'architecture et ces noms et inscriptions si remarquables par la bizarrerie des formes, l'imitation parfaite des bronzes et des reliefs.

(1) Sur l'emplacement dit *les galeries de bois.*

vrons de la grandeur de l'exécution. Ils font voir la feuillure pour recevoir les verres.—13, des cintres *e*.— 14 du comble. —15, détails de *a*. Fig. 16, la partie *a b* est en fer ; elle est fixée à la panne en *a ;* fig. 16, *c b*, partie en cuivre pour recevoir les verres ; fig. 16 et 17, plan et élévation de l'extrémité supérieure d'un des arbalétriers ; fig. 18, extrémité inférieure de l'arbalétrier, dont 13 est le profil ; fig. 19 à 27, détails d'un arêtier et d'un chevron ; 19 et 21, élévation et plan suivant *g h* ; 22 et 23, patte à fourche qui tient l'écartement des pannes ; elle est placée en *a ;* 21 et 23, élévation suivant *k i* ; 24, profils d'*idem* ; 25, plan d'*idem* ; 26, plan suivant *a b* ; fig. 24.

Planche 23.

Fig. 1, plan de la galerie vitrée et des boutiques du Palais - Royal ; fig. 2, coupe suivant A B C D, sur la largeur du café *a*, et du passage de la galerie à la cour ; fig. 3, élévation de la galerie donnant sur le jardin et sur la cour ; fig. 4, décoration de la galerie : les pilastres sont revêtus en marbre et les panneaux sont en glaces ; les moulures sont dorées ; les parties dormantes des boutiques sont recouvertes en cuivre jaune bien poli. Les balustres sont en fonte de fer ainsi que les candelabres, les caisses et les bancs qui décorent la terrasse fig. 2 ; fig. 5, portion de la coupe sur la largeur du café ; fig. 6, partie de la coupe et profils sur la longueur du café ; fig. 7, plan d'un pied droit de la disposition du plafond, et des colonnes qui encadrent les glaces servant à décorer le massif, glaces ; *b* et *c*, côté orné de peintures arabesques recouvertes par une glace sans tain ; il en est de même pour l'arc doubleau *d e*. Les peintures sont couvertes par des glaces ; les moulures sont dorées et les fonds sont peints en blanc. Le café est échauffé par un calorifère placé dans les caves, et dont les tuyaux de chaleur sortent par la cassolette placée au milieu de la salle. Tous les accessoires et la décoration du café sont de M. Meûnier, inspecteur des travaux du Palais-Royal.

Planche 24.

Fig. 1 à 5. — Armatures des plates-bandes formant péristyle extérieur à la nouvelle galerie du Palais-Royal. La fig. 5 représente la pose des pierres et des fermes ; les fig. 6, 7 et 8 donnent des détails de l'œil des poutres et des tirans qui traversent l'axe en fer qui s'élève au milieu de la colonne ; 9 et 10, lanterne en fer : elle couvre le sommet d'une salle de bains de vapeur, dont le plan est semi-circulaire. Douze années d'existence ont prouvé la bonté de sa composition. Elle a été exécutée par M. J. Fauconnier fils. Un levier, courbé et en croix *a b c*, sert à faire ouvrir un tiers de la grandeur du châssis. On obtient ce mouvement en tirant sur la corde placée à l'extrémité *c* du levier, dont les points de rotation et de support sont en *a b* du plan. Le levier tout seul est fig. 11 ; *c*, extrémité où s'attache la corde ; *a*, un des tourillons ; *b*, roulette qui fait point d'appui et qui passe dans la coulisse *a b* du châssis représenté en grand, fig. 13. La fig. 12 donne le profil du châssis avec le dormant ; fig. 14, assemblage à la partie droite ; fig. 15, détails du point *a* et *b* du plan ; fig. 16 à 18, détails d'une croisée en fer pour maison particulière, par M. Fauconnier ; fig. 19, 20 et 21, détails d'une boutique en fer exécutée dans la galerie de fer, pl. 26 et 27 (*Voir* pl. 25, pour la croisée

d'hôpital) ; fig. 22, détails de la couverture de la cour vitrée de la galerie Vivienne, côté de la rue des Petits-Champs.

Planche 25.
VITRAUX ET CROISÉES EN FER.

Depuis peu d'années on exécute beaucoup de grands vitraux, des croisées et des portes en fer. On trouvera les détails de leur construction sur cette planche et sur les suivantes. Je me bornerai à indiquer l'endroit où les objets sont exécutés ; leurs détails d'assemblage, souvent représentés de grandeur naturelle, suffiront pour expliquer la situation des verres et la manière dont ils sont maintenus, soit au moyen d'un recouvrement, ou par l'emploi du mastic de vitrier(1).

Fig. 1 et 2. Au monument expiatoire, rue d'Anjou : profil de grandeur naturelle. Les vitraux sont remplis par des verres de couleur. Fig. 3, un des grands vitraux exécutés pour la chapelle du château de Randan. Fig. 4, 5 et 6, détail des fers encadrant les belles peintures sur verre, vues au salon de 1831. Fig. 7, un des vitraux de l'église de Bercy. Fig. 8, recouvrement des verres. Fig. 9, vitraux de l'église de Saint-Germain-en-Laye. Fig. 10, de l'église Sainte-Elisabeth, remplis par des figures qui occupent toute la hauteur ; la bordure forme une frise de fleurs et de feuilles nuancées. Fig. 11, petite porte en fer, bazar Montesquieu ; elle donne sur la galerie. Fig. 12, bois d'*idem*. Fig. 14, une des grandes portes vitrées du même bazar. Ces portes s'ouvrent en dedans et en dehors. *Voir* fig. 31 et 32, pl. 13. Fig. 14, tourillons. Fig. 15 et 16, détails des petits bois, composés de fer et de bois recouvert en cuivre. Fig. 17, croisées pour des hôpitaux. Il y a douze ans que M. J. Fauconnier a exécuté ces croisées en fer à l'hôpital des vénériens de Paris, pour une salle de bains. Je les ai vues il y a peu de jours ; elles sont en très-bon état, elles s'ouvrent et se ferment avec facilité. On peut pousser les panneaux avec force sans nul danger. Les quatre châssis d'angles seulement s'ouvrent à la fois. Les châssis du milieu peuvent s'enlever, mais ne s'ouvrent pas, n'ayant pas de charnières. Fig. 18, petits bois représentés en *a*, fig. 17. Fig. 19 et 20, coupe verticale faisant voir les profils du dormant et de la réunion du châssis du bas et de celui du milieu. Ces châssis sont fixés par un tourniquet. Fig. 21, la face de ce tourniquet, placé en *c* de la fig. 17. Fig. 22, une des pentures placées en *cc* de la fig. 17. Fig. 23 à 26, détails du loquet placé en *d*. Fig. 27 à 30, portes vitrées à deux vantaux, exécutées audit hôpital ; elles forment une cloison vitrée placée entre des colonnes à l'amphithéâtre des bains de vapeur. Fig. 30 à 32, détails d'une porte de boutique en fer. La figure 30 indique la rencontre des deux vantaux. Fig. 32, profil d'un des petits bois, composé d'une règle en fer et d'un demi-tube en cuivre jaune. Fig. 31, le même petit bois garni de ses glaces.

Planches 26 et 27.
GALERIE DE FER, RUE DE CHOISEUL,
par M. Tavernier, architecte.
La Serrurerie par M. J. Fauconnier fils (2).

Cette galerie communique de la rue de Choiseul au boule-

<hr>

(1) On doit mentionner les produits de la fabrique de M. Leires, rue d'Enfer, n° 50, pour la confection des moulures en tôle, et qui forment les petits bois des portes vitrées, des croisées, etc.

(2) Depuis la construction des galeries de fer, le sieur Fauconnier, qui en a fait toute la charpente en fer, s'est occupé particulièrement de cette partie, et y a apporté

vard ; elle a été construite en 1829 sur l'emplacement de la galerie de Boufflers. Il y a deux galeries avec boutiques tout autour, et comptoirs en fer au milieu. Une seule a été donnée. Sur la planche 27 se trouve le plan de la galerie dont l'entrée *a* est rue de Choiseul , fig. 1, *voir* le plan général , pl. 27; *b* communication avec l'autre galerie qui conduit au boulevard. La moitié du plan *c* indique la coupe des boutiques et comptoirs, à trois pieds de hauteur ; l'autre *d*, indique les parpaings qui supportent les comptoirs en fer. Fig. 2, coupe sur le milieu et sur la longueur de la galerie. Fig. 3, élévation latérale d'un des comptoirs. Fig. 4, détail d'un avant-corps qui limite chaque boutique : au milieu, la cloison *a*. Fig. 5, coupe et profils au droit du chaîneau. Fig. 6, extrémité de la colonne portant la réunion de la lanterne et des arétiers de comble, détaillés fig. 20 et 25, pl. 27.

PLANCHE 27.

SUITE DE LA GALERIE DE FER.

FIG. 1. Plan général de la galerie. Les entrées sont en *A* et en *C*. Une coupe suivant *E F* complète la pl. 26 , ainsi que les fig. 8 à 20. Fig. 8 à 11 , assemblages des fermes de chaîneaux posés au-dessus des vingt-huit colonnes. Fig. 12 à 18, ferme d'angles de chaîneaux. On en voit l'ensemble dans la coupe suivant *E F*. Fig. 16 et 17, plans de plusieurs pièces qui composent la ferme d'angles. Fig. 18, Bride. Fig. 15 et 19 à 21, parties d'une grande ferme portant la lanterne. Fig. 20, plan de l'angle de la lanterne. Fig. 21 , élévation de l'un des quatre angles de la lanterne ; les assemblages des tenons formant la réunion des fermes au-dessus des colonnes. Fig. 22, assemblages réunis. Fig. 23 à 25, assemblages isolés. Fig. 23, pièces supérieures. Dans les fig. 24 et 25, les pièces sont vues deux ensemble. Fig. 27, grandeur de l'exécution des fers qui portent les verres; ils sont semblables à ceux qui couvrent la galerie du Palais-Royal.

Une coupe, suivant *A B*, fait voir la construction et la décoration des galeries, des comptoirs formant le pourtour de la salle, et une partie des comptoirs placés au milieu. Fig. 2 à 4, chacune de ces fermes se répète quatre fois, et elles se réunissent en *a* au-dessus des colonnes et au-dessous de la lanterne. Fig. 6, plan d'un des angles. Fig. 5, lanterne placée en *b*. Fig. 7, plan et profils des planches formant galerie en *d*. Il y en a dont la saillie varie depuis cinq jusqu'à dix pieds du milieu de l'œil au-dehors du scellement.

PLANCHE 28.

FER CREUX LAMINÉ, DE LA FABRIQUE DE MM. GANDILLOT ET ROY (1).

On en fait l'application avec avantage aux grilles, balcons, rampes d'escalier et à tous les autres ouvrages en fer, dont la disposition est verticale, et qui demandent de la force et de la légèreté. Voici quelques exemples des plus usités, ainsi que la construction des barreaux.

<hr>

des améliorations considérables, sous le rapport de l'économie, sans nuire à la solidité ni augmenter le poids. Il établit maintenant des combles en fer de toutes formes et toutes dimensions, au prix de 90 cent. le kilog. pose comprise, quelque soit la légèreté des fers. — Ses procédés ont été examinés et approuvés par le Conseil des bâtimens civils, qui a déclaré qu'il était convenable d'en protéger l'emploi dans les travaux où cette application serait possible.

Quant aux planchers, le prix est toujours inférieur; mais il ne peut être fixé que selon les forces de fer et la longueur des fermes.

(1) La fabrique est à Paris, rue Peirelle, n° 5. On y donne une notice détaillée et contenant les prix de chaque espèce d'ouvrages.

FIGURE 1. — *Composition d'un barreau carré.* Elle consiste à ployer deux lames de fer laminé, de manière que chacune d'elles soit formée de deux angles droits; et, en leur donnant pour côtés les dimensions voulues, on fera entrer les petits côtés dans les plus grands ; de telle sorte que les côtés *a c, c d* auront deux épaisseurs, tandis que les côtés *c d* et *a' b'* n'en auront qu'une seule. Fig. 2 et 3. Assemblages d'un barreau carré, traversé par un barreau cylindrique *e f*. Ce dernier a toujours son diamètre égal au vide du barreau carré. On perce le trou dans le barreau qui n'a qu'une seule épaisseur, et le côté double est toujours placé de champ; l'épaisseur du fer est toujours en raison de l'équarissage du barreau, un treizième du côté. Fig. 4 et 5. Applications à un scellement de grille ; *a b* tenon de fer creux avec le vacillement qui porte la charnière.

Fig. 7 à 23, divers ajustemens de grilles, exécutés en fer creux pour le faisceau, *voir* fig. 16 pl. 67. Fig. 24 et 25, bancs pour des jardins. Fig. 26 et 27, tabourets et chaises. Fig. 28 et 29, lits en fer, de formes différentes. Les prix des lits ordinaires sont de 52 à 130 fr. fig.   , échelle double dont les barreaux ont porté 1500 à l'expérience. Voici le tableau des prix des divers tenons dont on fait usage par les fers creux.

Fig. 32 à 40. Ajustement des barreaux carrés avec les carrés, 60 c. à 1 fr. 50.

Fig. 41 à 47. Ajustement des barreaux carrés avec les ronds, 40 c. à 1 fr. 50.

Fig. 48 à 61. *Idem* pour les barreaux ronds avec les ronds, 40 c. à 3 fr.

FIG. 6, ornemens pour rampes, ajustés aux fers creux. (*voir* pl. 55, les divers ornemens fondus). Les rampes d'escalier sont de toutes les applications du fer creux celle où la supériorité de l'ajustement sur celui du fer massif est les plus sensibles. Les ornemens en fonte dessinés d'autre part , d'après les plus jolis modèles connus à Paris, et entre autres ceux de M. Calla, se composent d'un piton à rosace dont la tige en fer se scelle ou se visse solidement dans la marche, et d'un chapiteau à boule sur lequel se fixe la main courante. Chacun de ces ornemens porte un tenon d'une grosseur égale au diamètre extérieur du barreau de fer creux, dans lequel il s'introduit et se rive très-solidement. Dans le cas du barreau massif, au contraire, au lieu d'un tenon de huit à neuf lignes, l'ornement présente un trou de trois à quatre lignes, dans lequel s'introduit une faible tige pratiquée à l'extrémité du barreau, et que l'on fixe à la fonte par une goupille qui l'affaiblit encore en la traversant. Or, il est facile de concevoir toute la différence de solidité qui existe entre le tenon de huit à neuf lignes, faisant corps avec le piton dans le cas du fer creux, et celui de trois à quatre lignes, affaibli par le trou de la goupille, dans le cas du fer massif, surtout si l'on considère que le poids du fer massif étant triple de celui du fer creux, il fatigue l'ajustement dans la même proportion. On pourrait ajouter encore que le barreau de fer creux, sans aucun défaut et poli par le laminoir à sa surface, est infiniment plus beau que le barreau massif qui, ordinairement mal arrondi et chargé de pailles et d'inégalités, ne peut, sous ce rapport, entrer en comparaison.

PLANCHE 29.

FIG. 1 et 4. — Détail d'arcs et de plates-bandes en briques. Détail de linteaux en fer. Coupe suivant *a b*. Coupe suivant *c d*.

aa. Linteaux en fer plat, formant chaîne, de 0^m 7 de largeur sur 0^m 15 d'épaisseur.

bb. Anses en fer rond, de 0^m 04 de diamètre. Ces anses, qui retiennent les linteaux, traversent en outre des tirans en fer *cc* fixés sous les poutres, et servent ainsi à empêcher l'écartement dans le sens de la longueur et de la largeur du bâtiment. Une chaîne en fer simple, mantonnets et lacets, retenue par des anses, sera établie dans l'épaisseur des murs de refend et de pignon, ainsi que dans les parties des murs de face, à la même hauteur que la chaîne des linteaux, de manière à ne former qu'un seul système avec celle-ci, comme on l'a indiqué sur ce plan.

dd. Etriers en fer supportant les linteaux. Ces étriers, qui embrassent les linteaux en fer et les arcs en briques, sont supportés par des bandes en fer *oo* d'environ 0^m 60 de largeur, qui reposent sur l'extrados de ces arcs.

Fig. 3. — Coupe suivant XX. Fig. 4. Coupe suivant YY.

Nota. Les sommiers servant d'appui aux arcs en plates-bandes en briques sont en pierre de très-bonne qualité, et forment parement.

Fig. 5 à 18. Auvent et tentelet, placés dans des cours et devant des portes d'entrée, pour abriter les voitures et mettre à couvert les personnes qui descendent. Ils servent aussi à couvrir des escaliers ou des perrons. Des colonnes en fonte de fer, de style arabesque, permettent de donner une grande saillie aux fermes qui les composent. Tous ces objets, exécutés dans des quartiers différens, et d'un usage très-multiplié, offrent une grande variété de dessin et de peinture. On en trouve un grand nombre dans l'ouvrage sur la menuiserie. Les figures 13 à 18 appartiennent au même auvent, exécuté rue Grange-Batelière, n° , par M. Pellechet, architecte.

Fig. 12. — Auvent brisé. Il couvre l'entrée d'un corps-de-garde, au théâtre de l'Ambigu-Comique. Étant très-rapproché du trottoir, on le laisse ouvert pendant le jour; on l'abat quand il pleut; il n'est guère utile que le soir.

DES PARATONNERRES (1).

PLANCHE 30.

Figure 1re. — *Détails relatifs à la pose des paratonnerres.* Un paratonnerre est une barre métallique *a b c d e f,* dont la tige *a b* s'élève au-dessus d'un édifice, et descend sans aucune solution de continuité, jusque dans l'eau d'un puits ou dans un sol humide. On donne le nom de *tige* à la partie verticale *a b* qui s'élève dans l'air au-dessus du toit, et celui de *conducteur* à la portion de la barre *b c d e* qui descend depuis le point *b* de la tige jusque dans le sol.

Fig. 4 à 6. — *De la tige.* La tige est une barre de fer carré *a b,* amincie de sa base à son sommet en forme de pyramide. Pour une hauteur de 7 à 9 mètres (hauteur moyenne des paratonnerres sur les grands édifices), on donne à sa base de 54 à 60 millimètres de côté : on lui donnerait 63 millim., si elle devait s'élever à 10 mètres (2). Le fer étant très-exposé à se rouiller par l'action de l'eau et de l'air, la pointe de la tige serait bientôt émoussée; pour obvier à cet inconvénient, on retranche de l'extrémité de la tige *a b* une longueur *a h,* d'environ 550 mill., et on la remplace par une tige conique de cuivre jaune, dorée à son extrémité, ou terminée par une petite aiguille de platine *a g* de 50 mill. de longueur (3). L'aiguille de platine est soudée, à la soudure d'argent, avec la tige de cuivre; et afin qu'elle ne se sépare point de celle-ci, ce qui arrive quelquefois malgré la soudure, on renforce l'ajustage par un petit manchon de cuivre, comme le montre la figure 5. On réunit la tige de cuivre à celle de fer, au moyen d'un goujon qui entre à vis dans toutes deux. Ce goujon est fixé à la tige de cuivre par deux goupilles à angle droit, et on le visse ensuite dans la tige de fer où une goupille *c,* fig. 6, sert aussi à le maintenir. On peut, sans inconvénient, ne point employer de platine, et se contenter de la tige conique de cuivre, sans même la dorer, si on n'en a pas la facilité sur les lieux. Le cuivre ne s'altère pas profondément à l'air; et, en supposant que la pointe s'émoussât légèrement, le paratonnerre ne perdrait pas pour cela son efficacité.

Une tige de paratonnerre, de la dimension supposée, étant d'un transport difficile, on la coupe en deux parties, *a i* et *i b,* fig. 4, au tiers ou aux deux cinquièmes environ de sa longueur, à partir de sa base. La partie *d f* de la tringle *a f,* fig. 6, s'emboîte exactement dans un tube pyramidal *e g,* de 19 à 20 centimètres, dans la partie inférieure *e b,* dont une goupille l'empêche de se séparer. On doit cependant, autant qu'on le pourra, ne faire la tige que d'une seule pièce; elle en aura plus de solidité (4).

Au bout de la tige, à 8 centimètres du toit, est une embase (5) *m n* fig. 6, soudée au corps même de la tige. Elle est destinée à rejeter l'eau de pluie qui coule le long de la tige, et à l'empêcher de s'infiltrer dans l'intérieur du bâtiment, et de pourrir les bois de la toiture. Immédiatement au-dessus de l'embase, la tige est arrondie sur une étendue d'environ 5 centimètres, pour recevoir un collier à charnière *o,* portant deux oreilles, entre lesquelles on serre l'extrémité du conducteur du paratonnerre, au moyen d'un boulon; on voit le plan de ce collier, fig. 7. On peut remplacer le collier par un étrier carré, fig. 9 et 10, qui embrasse étroitement la tige; la fig. 9 en donne la projection verticale, et la fig. 10 le plan ainsi que la manière dont il se réunit avec le conducteur. Enfin, on peut encore, pour diminuer le travail, souder un tenon, *t,* fig. 10, à la place du collier; mais il faut avoir soin de ne pas affaiblir la tige en cet endroit, qui est destiné à opérer la plus grande résistance; et le collier ou l'étrier sont préférables.

La tige des paratonnerres se fixe sur le toit des bâtimens selon les localités; si elle doit être posée au-dessus d'une ferme *b,* fig. 11 et 12, on perce le faîtage d'un trou dans lequel on fait passer son pied, et on l'assujettit contre le

---

(1) Voir pour la théorie, l'*Instruction sur les Paratonnerres,* adoptée par l'Académie des Sciences, le 23 juin 1823.

(2) La manière la plus avantageuse de faire une barre pyramidale, c'est de souder bout à bout des morceaux de fer, chacun d'environ 80 mill., et d'un calibre décroissant.

(3) On peut remplacer l'aiguille de platine par une autre faite avec l'alliage des monnaies d'argent, composé de neuf parties d'argent et une de cuivre.

(4) On fait la partie creuse *e g,* fig. 6, qui reçoit le tenon pyramidal, de la manière suivante : on prend une forte feuille de fer que l'on roule en cylindre et que l'on soude avec la barre *f g;* ensuite, au moyen d'un mandrin de la forme que doit avoir le tenon, on parvient facilement à réunir les deux bords, en chauffant successivement, et on lui donne, tant intérieurement qu'extérieurement, la forme pyramidale.

(5) Pour faire l'embase, on soude un anneau de fer sur la tige, et on l'étire circulairement sur l'enclume, en inclinant ses bords de manière à obtenir un cône tronqué très-aplati.

poinçon au moyen de plusieurs brides, comme on l'a fait dans la figure. Cette disposition offre beaucoup de solidité, et doit être préférée lorsque les localités le permettent.

Lorsqu'on ne peut placer la tige que sur le faîtage en *a*, fig. 12, on le perce d'un trou carré de même dimension que le pied de la tige. Deux plaques de fer de 2 centimètres d'épaisseur, et portant chacune un trou correspondant à celui fait dans le bois, servent à embrasser et à serrer le faîtage; elles sont fixées, l'une dessus, l'autre dessous, par quatre boulons ou deux estries boutonnées. La tige s'appuie par un petit collet sur la plaque supérieure, contre laquelle on la presse fortement au moyen d'un écrou se vissant sur l'extrémité de la tige contre la plaque inférieure. La fig. 13, montre le plan d'une de ces plaques. Si l'on pouvait s'appuyer sur le lien *c d*, fig. 12, on souderait à la tige deux oreilles embrassant les faces supérieure et latérale du faîtage, et descendant jusqu'au lien, sur lequel on les fixerait au moyen d'un boulon *e*. La fig. 17, offre le moyen de maintenir la tige par une bride. Enfin, si le paratonnerre devait être placé sur une voûte, on le terminerait par trois empa-

temens ou par des contreforts, qu'on scellerait dans la pierre, comme à l'ordinaire, avec du plomb. Les fig. 19 à 21 donnent le scellement d'une des tiges du paratonnerre de la Bourse de Paris, lequel est posé à l'extrémité de la lanterne; *a b* sont les petits chevrons du comble vitré. La fig. 19 donne le plan supérieur du comble; la fig. 20 le plan du joint inférieur. Fig. 22 à 26. Scellement du paratonnerre de la Halle-aux-Blés de Paris. Fig. 22. Clé de la lanterne, sur laquelle repose la tige du paratonnerre. Fig. 23. Coupe verticale du sommet de la lanterne, pour faire voir le scellement de la tige. Fig. 25. Extrémité inférieure de la tige. Fig. 24. Armature qui maintient le pied du paratonnerre. Fig. 26. Extrémité de la branche *a*, fig. 25. Fig. 27. Extrémité supérieure de l'échafaudage dressé pour la pose du paratonnerre sur la coupole. Fig. 14. Moyen pour réunir les barres bout à bout. Fig. 16 et 17. Patte formée par une plaque mince à l'extrémité de laquelle s'élève la tige du crampon qui est terminé par une fourche dans laquelle passe le conducteur. Fig. 8. Collier dont les deux oreilles pincent le conducteur formé par une corde métallique.

SIXIÈME CAHIER.

PLANCHE 31.

PONT DES ARTS, A PARIS.

Il est à l'usage des piétons seulement. Il a été terminé en 1803.

C'est le premier pont de fer construit en France. Les projets ont été rédigés par M. de Cessart, inspecteur général des ponts et chaussées, et son exécution a été confiée à M. Dilon qui a fait quelques changemens aux premières dispositions.

Il est composé de neuf arches de 17 mètres 34 centimètres d'ouverture entre les piles qui ont 1 mètre 95 centimètres. Les arcs sont composés de cinq fermes espacées de 2 mètres 43 centimètres, de milieu en milieu. Chaque ferme présente un grand arc de fonte de 162 millimètres de largeur sur 18 d'épaisseur, formé de deux pièces assemblées au milieu de l'arc (*Voir* le détail, fig. 4). Le pied de cet arc repose sur des supports en fonte encastrés dans le sommet des piles. Les fermes sont liées entre elles par des entretoises horisontales. Fig. 7 et 8. Elles existent entre les grands arcs. Fig. 5. Détail du point *a* de la fig. 1. Fig. 6. Détail de l'assemblage de l'extrémité des poutres avec le cintre des arches. Fig. 3. Plan du pont, dont une partie recouverte en madriers, puis la charpente au-dessus des cintres, et plan des cintres.

PLANCHE 32.

PONT EN FER FORGÉ, SUR LE CROU, PRÈS SAINT-DENIS,

Exécuté en 1808, par M. BRUYÈRE.

L'arche est en arc de cercle; elle a 12 mètres de corde, et 921 millimètres de flèche. Elle est composée de trois fermes espacées de 1 mètre 75 centimètres de milieu en milieu, et réunies par des entretoises terminées par des plaques circulaires, dont le plan est perpendiculaire à la longueur des entretoises.

Les voussoirs de chaque ferme sont composés de six pièces; savoir: deux arcs concentriques distans de 75 centimètres de milieu en milieu, ayant 6 centimètres de grosseur; deux

montans de même grosseur, communs aux voussoirs contigus; enfin deux autres pièces de 3 centimètres sur 6, disposées diagonalement en croix de Saint-André, et reliées dans leur milieu par un boulon. Les six pièces forment à leurs points de réunion, aux angles des voussoirs et de l'archivolte, des nœuds présentant la forme d'un cercle composé de parties ou ailes appartenant à chacune de ces pièces, et liées entre elles par quatre boulons qui les fixent en même temps aux plaques circulaires des entretoises. Ces dernières sont en fer rond de 4 centimètres de grosseur, et les plaques circulaires, ainsi que les nœuds qu'elles recouvrent, ont 25 centimètres de diamètre.

Cette arche, destinée au passage des chevaux de halage, a servi pendant quelque temps au passage des voitures sans avoir éprouvé aucune avarie. La direction donnée au nouveau canal de Saint-Denis ayant obligé de changer l'embouchure du Crou, l'arche en fer a été démontée et replacée sur des culées construites dans le nouvel emplacement.

Le poids total des fers est de 9,074 kilogrammes, qui ont coûté 15,875 fr. 50 c., à raison de 1 fr. 75 c. le kilogramme, y compris fourniture, façon, pose, frais d'échafauds et de cintre, etc.

PASSERELLE EN CHAINES DE FER,

Exécutée à la gare de Choisy, par M. MALLET.

Cette passerelle a 34 mètres de longueur d'un axe à l'autre des boulons d'attache des chaînes de suspension. Sa largeur est de 1 mètre 80 centimètres; sa flèche de 2 mètres. Chaque chaîne de suspension est formée de deux cours de barres de 1 mètre 95 centimètres de longueur, et de 5 centimètres sur 25 millimètres d'équarrissage, reliées entre elles par des plaques de 28 centimètres de longueur, 9 de largeur, et 15 millimètres d'épaisseur.

Il y a quatre plaques à chaque articulation; elles sont traversées dans leur milieu par un boulon portant une tige de suspension. Les chaînes de retenue sont composées de la même manière ; mais les barres ont 7 centimètres de largeur au lieu de 5 ; elles descendent sous un angle de 45°, et traversent un massif de maçonnerie dont le poids est tel qu'il puisse résister à la traction. Ces tiges sont rondes dans la maçonnerie, et taraudées à leur extrémité pour recevoir un écrou. A leur entrée dans le massif, elles sont revêtues d'un tuyau de plomb, lequel est serré contre le fer à son extrémité supérieure, au moyen d'une frette, de manière que l'eau qui coule le long du cylindre se trouve arrêtée. Le tout est porté par quatre poteaux en bois coiffés d'un chapeau de fonte garni des appendices nécessaires pour attacher les chaînes. Pour plus de sécurité, on a mis à côté de la fonte des plaques en fer forgé, s'adaptant parfaitement au chapeau. Le parapet est composé de croix de Saint-André, s'assemblant, ainsi que la lisse, dans les tiges de suspension. Ce parti donne au pont beaucoup de légèreté et une grande raideur. Les oscillations produites par deux ou trois personnes sont très-faibles ; mais on ne conseillerait pas ce parapet pour un pont à voitures. Le plancher se compose de poutres attachées chacune à deux chaînes de suspension, puis de croix de Saint-André qui les retiennent. Les cloisons sont recouvertes de madriers de 50 millim. d'épaisseur, posés dans le sens de la longueur, en liaison, et arrêtés sur les poutres par des vis perfectionnées. La maçonnerie a été hourdée en mortier hydraulique. Une chèvre a suffi pour attacher les chaînes de suspension ; celles de retenue avaient été posées auparavant, et une partie de la maçonnerie exécutée.

Le poids total des fers est de 4,630 kil. 75. Ils ont été payés 1 fr. 25 c. le kil., y compris façon, essai, transport et pose. Le pont en entier a coûté 10,000 fr.

En supposant une surcharge de 200 kil. pour mètre superficiel de planches, le poids supporté par chaque millimètre carré de chaînes est de 9 kil. environ. Il n'est que de 3 kil. 5 dans l'état ordinaire. Dans l'essai que l'on a fait avant de livrer le pont à la circulation, on a chargé le plancher de 215 kil. par mètre superficiel. Les chaînes, sous ce poids, se sont alongées ; le plancher a baissé, l'extrémité des liens est sortie de 6 à 7 millim. des contre-fiches des poteaux supports ; mais aucun mouvement n'a été remarqué dans ces poteaux, ni dans les culées.

PLANCHE 33.

PONT EN FIL DE FER.

Ce pont a été construit, en 1824, dans une des fabriques de M. Benjamin Delessert, à Passy, près Paris. Il a 52 mètres de longueur entre les deux extrémités du plancher, et 1 mètre 30 centimètres de largeur. Il est soutenu de chaque côté : 1° par quatre câbles de fil de fer, formés chacun de cent fils de fer n° 12 ; 2° par deux chaînes de fer composées de seize chaînons ou tringles de 4 mètres de longueur sur 2 centimètres de diamètre. Les chaînons sont liés les uns aux autres par des moufles boulonnés et garnis de clavettes. La longueur totale des câbles et des chaînes est de 72 mètres entre les points d'attache. La flèche est de 3 mètres 25 centimètres, ou un seizième de la longueur.

Les chaînes et les câbles de fil de fer sont arrêtés à chaque bout à huit forts poteaux de 2 mètres 26 centimètres de longueur, sur 27 centimètres d'équarrissage, qui sont fixés en terre par une maçonnerie ; ces poteaux sont liés entre eux par des barres de fer, et, pour plus de sûreté, deux tirans de fer les retiennent encore à deux poteaux placés à 2 mètres en arrière.

L'extrémité de chaque chaîne et câble est fixée au poteau d'arrêt par une barre de fer taraudé de 4 centimètres de diamètre, munie d'un écrou pour la tendre à volonté.

Les chaînes et câbles passent sur deux chevalets de 4 mètres de hauteur, placés sur le sol, à l'entrée du pont, et scellés solidement dans la terre. Les câbles sont placés sur les deux côtés du pont, deux à deux, sur trois rangs, à 16 centimètres de distance l'un de l'autre.

Le plancher du pont est suspendu aux câbles et chaînes de suspension par deux rangs de tiges de fer placées à 1 mètre de distance l'une de l'autre. Ces tringles en fer, de 13 millimètres de diamètre, sont au nombre de 53 de chaque côté ; elles sont accrochées par de doubles crochets aux câbles de fil de fer, et par des têtes aux moufles qui unissent les chaînons. Ces tiges traversent les extrémités des poutres qui supportent les planchers, et, au moyen d'écrous, on les tend à volonté.

Le plancher est composé de cinquante-trois traverses portant deux rangées de poutres assemblées à trait de Jupiter, sur lesquelles sont clouées des planches de sapin de 27 millimètres d'épaisseur ; la balustrade, en forme de losange, est une suite de cercles surmontés d'une main-courante.

Les câbles en fil de fer pèsent chacun 112 kil. et demi, et les huit.	900 kil.
Les chaînes pèsent chacune 150 kil., et les quatre . .	600
Les tiges de suspension 200 kil.	
Les traverses, planches, balustrades et main-courante, 5,800 kil.	6,000
Total du poids du pont.	**7,590 kil.**

D'après des expériences faites avec soin, chacun des câbles composés de cent fils n° 12, peut supporter 6,500 kil. avant de se rompre, et les huit	52,000 kil.
Les quatre chaînes peuvent supporter chacune 4,000 kil. et les quatre	16,000
Total.	**68,000 kil.**
Le pont pesant.	7,500 kil.
Il peut contenir 120 personnes à 75 kil. chaque. . .	9,000
Total du poids à supporter. . . .	**16,500 kil.**

Il est donc en état de supporter un poids quatre fois plus considérable ; mais cela est nécessaire, à cause des secousses qu'on peut occasioner en sautant dessus ; et on ne doit jamais négliger de donner à un pont de ce genre un grand excédant de force.

Sur la planche se trouve la vue générale du pont suspendu. Les figures suivantes en donnent les détails.

FIG. 1. — Vue de face des poteaux sur lesquels s'appuient, de chaque côté, les quatre câbles de fil de fer et les deux chaînes.

FIG. 2. — Vue de profil des mêmes ; l'on voit en haut la rangée des deux chaînes, et au-dessous les deux rangées de deux câbles, les tiges de suspension, le plancher du pont, et la balustrade.

FIG. 3. — Les deux figures donnent la vue de profil des deux câbles joints ensemble, et la vue en dessus des quatre câbles joints ensemble.

FIG. 4. — Portion de chaîne placée sur les poteaux, vue de profil et en dessus.

Fig. 5. — Extrémité d'un des chaînons, liée à une barre de fer taraudée, et traversant les poteaux d'arrêt enfoncé en terre.

Fig. 6. — Crochet double au moyen duquel les tiges de suspension sont supportées par des câbles. La même, vue de profil, avec le morceau de tôle entourant le câble.

Fig. 7. — Chaînons joints ensemble par deux moufflés boulonnés, vus de profil ; les mêmes, vus en dessus avec les clavettes pour serrer les boulons. (*Voir* la fig. suivante.)

Fig. 8. — Les mêmes avec la tête de la tige et la plaque de plomb couvrant les moufflés.

Fig. 9. — Extrémités des câbles en fil de fer.

Fig. 10. — Extrémité inférieure des tiges de suspension placées au bout des traverses, avec un écrou à oreilles pour les tendre à volonté.

Fig. 11. — Boulon en fer taraudé traversant les poteaux de retenue avec un fort écrou.

PLANCHE 34.

PONT DU GROS-CAILLOU ET PONT DE L'HOTEL-DE-VILLE OU D'ARCOLE, A PARIS.

Exécuté en 1829, par MM. Verges et Bayard de la Vingtrie, et par M. Aimé Martin, entrepreneur des travaux en fer.

Pont du Gros-Caillou. Elévation du pont du côté d'aval. Fig. 1. Coupe sur le milieu de la largeur du pont. Fig. 2 et 3. Plan et élévation du support des chaînes. Fig. 4. Balustrade et coupe du plancher du pont. A, la lisse ; B, colonne en fonte de fer ; C, sabot. Les croisillons sont en bois. Fig. 5 et 6, sabot : plan, élévation et profils ; la colonne était engagée dans le sabot. Fig. 7 et 8. Plan, élévation et profils de deux chaînons joints ensemble avec la tige de suspension traversant les deux moufflés. Fig. 9. Profils pris sur la largeur du pont.

Les voitures passent sur ce pont.

Pont d'Arcole. Elévation et coupe. Fig. 10. Coupe sur la largeur du pont. Fig. 11. Coupe sur la longueur du pont. Fig. 12 et 13. Un des chaînons avec la tige de suspension. Le chevalet en fonte, placé sur le pont, est le même que celui des fig. 2 et 3, c'est pourquoi il n'a pas été dessiné.

Les voitures ne passent pas sur ce pont.

PLANCHE 35.

PONT LOUIS-PHILIPPE A BERCY, CONSTRUIT A LA FIN DE 1831.

Ce pont a été livré au public après l'essai qui en a été fait le 29 janvier 1832, en présence du roi Louis-Philippe, qui lui a donné son nom. Il a été exécuté par MM. Verges et Bayard de la Vingtrie, M. Pellegrini, ingénieur civil, et M. Aimé Martin, qui a aussi exécuté les travaux de serrurerie des ponts de la planche 34. La fig. 1 représente la vue générale du côté d'aval ; la fig. 2, coupe sur la largeur du pont. Fig. 3, attache du pont et chaînes de retenue ; elles sont fixées dans une plaque de fonte de fer, et traversent deux grosses pierres de taille qui ont 2 m. de côté, et sur lesquelles se fait le tirage. Un vide a été ménagé dans la maçonnerie pour isoler les tringles qui forment la chaîne.

Fig. 4 et 5. — Plan et coupe d'une des piles, la coupe verticale est prise suivant zz ; la coupe fig. 5 est faite suivant la ligne XY. Ces deux coupes font voir les chaînes qui les enveloppent. Les piles sont affouillées pour loger les tringles des chaînes, et leur extrémité supérieure est arrondie et terminée par une chaîne composée de mailles en fer, fig. 24, et de rouleaux, fig. 22 et 23. Les six chaînes qui enveloppent la pile sont retenues à leur extrémité inférieure par une plaque de fonte, fig. 6 et 7.

Fig. 8. — Coupe sur la longueur du pont. Fig. 9. Coupe sur la largeur du pont. Cette dernière figure fait voir la disposition des tringles de suspension à l'extrémité desquelles sont fixées des plaques de fer, disposées de manière à soutenir les deux poutres placées de chaque côté de la tringle de suspension

Fig. 10 à 13. — Détails d'une des tringles de suspension : 10, extrémité supérieure pour recevoir une clavette, fig. 14 ; fig. 11, plan d'une des mailles de la chaîne ; fig. 12, extrémité d'une des tringles de suspension, assemblée avec la plaque qui supporte la poutre : cette plaque est représentée en plan, fig. 13.

Fig. 15. — Plan et profil d'une des mailles de la chaîne.

Fig. 16. — Boulon et clavette qui servent à retenir les mailles et les tringles.

Fig. 17. — Extrémités des tringles qui forment la chaîne ; elles font voir la forme de l'œil et du fer.

Fig. 18. — Détails d'un des balustres qui forment la galerie, et qui divisent les croix de Saint-André. L'extrémité supérieure est entaillée dans la lisse qui est composée de deux pièces de bois.

Fig. 19 à 21. — Plan, profil et élévation d'un des sabots qui servent à maintenir l'extrémité des bois qui forment la croix de Saint-André. Fig. 18. Balustre.

PLANCHE 36.

PONT DE COMMUNICATION EXÉCUTÉ DANS LA COUPOLE DU PANTHÉON, A PARIS, POUR FACILITER L'APPROCHE DES PEINTURES DE M. GROS.

Ce pont est tout en fonte de fer ; il a été exécuté sur les dessins de M. Baltard, architecte, en 1831. M. Plantard, sculpteur, en a fait les modèles avec beaucoup de goût. Ils ont été fondus avec art dans les ateliers de M. Calas. Ces beaux rinceaux sont de ronde-bosse et creux dans l'intérieur.

Figure 1. Plan de la coupole, pour faire voir le pont de communication $a\,b$ à la galerie circulaire $b\,c\,d$; lunette g. Fig. 2, profil du pont et coupe de la galerie circulaire $b\,f$; le point a de la galerie $b\,c$. Fig. 3, coupe sur la largeur du pont $h\,i$, naissance de la balustrade circulaire. Fig. 4 et 5, détails d'une des poutres en fonte de fer ; la fig. 5 en donne les profils ; la fig. 4 donne son attachement et son scellement du côté de la galerie a ; la fig. 6 donne le plan d'un des quatre crampons qui supportent le pont. Fig. 7, chapiteau des colonnes qui servent d'encadrement aux châssis des quatre panneaux, qui sont également en fonte de fer. Fig. 8, grille placée autour de la lunette g. Son profil est en k, fig. 2, peint en bronze ; les fleurs et les boutons sont dorés.

SEPTIÈME CAHIER.

COMBLES ET PLANCHERS EN FER.

PLANCHES 37 ET 38.

FERMES DU COMBLE DU THÉATRE DE L'OPÉRA-COMIQUE,

Composées par MM. Huvé et Guerchy, architectes; exécutées en 1829; savoir : celle qui couvre le théâtre, par M. Albouy, et celle qui couvre la salle, par M. Mignon.

L'une et l'autre sont en fer forgé. Chacune d'elles pèse environ 15,000 kil., y compris les fers employés à couvrir l'intervalle entre chaque ferme (environ 4 mètres). Le prix du fer, mis en œuvre, est de 1 fr. 20 cent.; en voici les dimensions :

A. Arbalétriers cintrés, 0ᵐ 135 mill. de largeur au bas ; 0ᵐ 125 mill. au milieu; 0ᵐ 110 mill. au haut; et 0ᵐ 142 mill. d'épaisseur dans toute la longueur.

B. Grand entrait de 0ᵐ 135 mill. de largeur; 0ᵐ 042 mill. d'épaisseur, et divisé en deux parties, de chacune 0ᵐ 022 mill. d'épaisseur.

C. Aiguille de suspension en fer rond, de 0ᵐ 055 mill. de diamètre.

D. Premier entrait, retroussé en deux parties, de chacune 0ᵐ 135 mill. de largeur et 0ᵐ 022 mill. d'épaisseur.

E. Deuxième entrait, de 0ᵐ 135 de largeur et 0ᵐ 025 d'épaisseur.

F. Frêtes embrassant les arbalétriers, de 0ᵐ 080 de largeur, et 0ᵐ 022 d'épaisseur.

G. Petits poinçons sur les frêtes, de 0ᵐ 042 et de 0ᵐ 080.

H. Tringles entre les deux arbalétriers, passant sous les frêtes, de 0ᵐ 042 sur 55ᵐ.

I. Cerces sur le grand entrait et le premier entrait retroussé, de 0ᵐ 125 de largeur et 20 d'épaisseur.

K. Frêtes de 70 de largeur, 20 d'épaisseur ; tiges taraudées, de 35 de diamètre.

L. Supports de l'arbalétrier extérieur, de 55 carrés.

M. Jambe de force, sous l'entrait, de 55 carrés.

N. Moises horisontales, de 80 de largeur et 25 d'épaisseur.

O. Colonnes en fonte (creuses au milieu), de 240 mill. de diamètre, et de 25 mill. d'épaisseur.

P. Chaîne formant entretoise, de 65 sur 20.

Figure 1. *Ferme au-dessus de la salle.* — Un plancher est posé sur l'entrée, AB ; et l'espace AFB sert d'atelier pour les peintres. La fig. 2 donne en grand la naissance d'une ferme avec son scellement. Fig. 3 à 7, détails de l'assemblage de la fig. 1. Fig. 6, détails d'un poinçon, des arbalétriers et d'une pièce faîtière. Fig. 8 et 9, plan et élévation de la réunion du poinçon avec les diverses pièces qui forment la croupe en *a* sur le plan fig. 18, et en F, fig. 1. Fig. 10, autre ferme qui couvre la salle. Fig. 11, détails de la naissance de cette ferme. Fig. 12, détails de l'assemblage du point G de la fig. 10. Fig. 13 à 15, détails des points H et E. Fig. 16 et 17, réunion des pièces formant entrée, avec une des tringles de suspension.

PLANCHE 38, suite de la PLANCHE 37.

COMBLE DU THÉATRE DE L'OPÉRA-COMIQUE.

Il y a cinq fermes semblables; elles couvrent le théâtre. La figure 2 donne en grand la naissance d'une des fermes , de deux entrées pour recevoir les planchers, et la réunion avec les colonnes en fonte E , formant le devant de cloisons en fer, qui servent à déposer les coulisses, ainsi que de cheminées pour laisser descendre les contre-poids et les cordages. Fig. 3 et 4 , détail de la composition de la poutre en décharge CD. Fig. 5 et 6 , réunion d'une poutre avec une tringle de suspension. Fig. 7 et 8 , élévation et plan du poinçon de la pièce faîtière , réuni à la coupe indiquée en *a*, fig. 18, pl. 37.

COMBLE EN FER DE LA BOURSE DE PARIS.

Fig. 12 à 19. — *Comble et planchers en fer de la Bourse de Paris*, exécutés en 1825 (1). Fig. 12, moitié de l'une des fermes du comble et des planchers. Fig. 13 et 14, détails des assemblages *a b*, fig. 12. Fig. 15 et 16, détails des assemblages des tringles de suspension *c*. Fig. 17 et 18, détails du point *d*. Fig. 19, plan de l'assemblage d'un arêtier.

PLANCHE 39.

Figure 1. *Ferme du théâtre de l'Ambigu-Comique*, par MM. Hittorff et Lecointre, exécutée en 1828. Les fig. 2 à 5 donnent le plan , l'élévation et les coupes d'une ferme, indiquée par B, fig. 1. La fig. 6 donne en grand le détail de la ferme, prise au point A. Fig. 7 à 9, détail des tringles de suspension. Les fermes sont avec ou sans planchers. Poids de deux de ces fermes : 4,937 kil., 4,900 kil. — De deux autres fermes simples : 2,421 kil., 2,459 kil.

Fig. 10 à 13. *Ferme et planchers du théâtre des Nouveautés.* — La fig. 11 indique le détail de A ; la fig. 12 de la position de B ; et fig. 13 de la portion marquée *c*. Les fermes sont réunies par des entretoises , et couvertes par des grillages en petit fer et coulés en plâtre ; l'ardoise est clouée sur le plâtre. L'extrémité inférieure des fermes , qui repose sur le mur, est formée par un empatement à fourche, ce qui donne une grande base , et fait de la réunion de toutes les fermes un ensemble très-solide. (Cette construction a également lieu pour le comble ci-dessus.)

Fig. 14 à 16. *Carcasse en fer du mur d'avant-scène du théâtre du Palais-Royal.* — Les figures 14 et 15 donnent les détails de la colonne en fonte de fer, prise aux points *b* et *a* : ce dernier appartient à la poutre de décharge.

PLANCHE 40.

DIVERS TRAVAUX DE FER EXÉCUTÉS AU PALAIS-ROYAL.

Figure 1. — *Plan général du comble en fer du Théâtre-Français*. Ce théâtre a été exécuté de 1783 à 1790, sous la direction de M. Louis, architecte. Ce fut le premier travail de ce genre. A la même époque (1789), M. Le Masson fit exécuter la rotonde de l'église de Courbevoie(2), dont la voûte est en fer et remplie par de la poterie, ainsi que le comble du théâtre. Fig. 2 , ferme au-dessus de la salle, suivant *a b* du plan. Fig. 3, ferme d'avant-scène, suivant *c d*. Fig. 4, ajustement d'un poinçon avec la grande ferme et les arêtiers *e* de la fig. 1. Fig. 5, le même assemblage au droit de l'entrée *h*. Fig. 6 et 7, plan et élévation des arêtiers, suivant *g* du plan. Fig. 8 et 9, plan et élévation des entretoises placées

(1) Si j'ai dessiné le comble de la Bourse et celui du Théâtre-Français, c'est parce que les gravures déjà publiées n'en sont pas exactes.

(2) On en trouve les dessins dans le Choix des maisons et édifices, déjà cité.

4

de chaque côté du poinçon *h*, fig. 1 et 2. Fig. 10, détail de l'assemblage *i*, fig. 2.

Fig. 11 à 17. — *Comble, planchers et voûte en fer du bâtiment du Palais-Royal, côté de la rue Montpensier.* La fig. 12 donne l'ensemble d'une ferme qui occupe tout le bâtiment. *C* est la cage de l'escalier. La fig. 13 donne la forme des entretoises qui réunissent les fermes entre elles. Fig. 14 et 15, élévation et plan de l'assemblage du poinçon *ab*, fig. 12. Fig. 16 et 17, extrémité du poinçon, pris isolément. Le soulèvement *d* reste en saillie sur le toit, et sert à soutenir un crochet pour agraffer les échelles des couvreurs.

Planche 41.

Elle offre une réunion de fermes en fer. *Comble du Cirque-Olympique*, exécuté à Paris en 1827. 1° Plan du comble; 2° coupe verticale suivant AB et au-dessus du théâtre. Les fig. 1 à 3 donnent en grand le sommet *d* de la ferme AB. Une coupe suivant CD, au-dessus de la salle. La salle est divisée par quatorze colonnes en fer, qui montent au-dessus du plafond, et servent à le soutenir, ainsi qu'une couronne en fer, à laquelle s'agraffent des tringles de suspension, contribuant également au maintien du plafond. Dans l'intervalle *a* sont deux tringles de suspension *ee*, qui soutiennent aussi la couronne inférieure du plafond; elles sont indiquées par des lignes ponctuées sur la coupe CD. On voit en *e* des tringles de suspension fixées aux fermes. La fig. 4 donne l'élévation du sommet de la couronne. On voit en *d* les cales *ff*, qui permettent de la niveler. Fig. 6 et 7, détails de la réunion des fers en *g*, de la coupe suivant CD.

Fig. 8 et 9. *Comble du salon d'exposition, au Louvre.* — Plan et élévation.

Fig. 10. *Comble couvrant une cour, hôtel des Messageries.*

Fig. 11 à 14. *Fermes en fonte de fer.* — Elles couvrent les galeries qui forment le passage du Saumon. La fig. 11 montre la ferme au-dessus de l'arc doubleau; la fig. 12, la ferme entre l'arc doubleau. Fig. 13 et 14, ferme qui couvre une des petites galeries latérales. Fig. 14, ferme avec arc doubleau. Fig. 15, une des fermes qui couvrent le passage. Fig. 16, détail de l'angle *a*, et profil de l'arbalétrier qui porte les verres.

Fig. 17. *Couverture de la galerie Colbert.* — Fig. 18 et 19, coupe et profil d'un montant qui supporte l'échelle pour poser les verres; des arbalétriers, pour faire voir les dimensions des fers, et le scellement des verres *aa*.

Planche 42.

CHARPENTE EN FER, AVEC ÉVENT EN BOIS,
(Atelier de fourneaux de la fonderie de Douai.)

Figure 1, élévation d'une des fermes (1). Fig. 2, coupe suivant *ab*. Fig. 3, élévation d'*idem*. Fig. 4, plan suivant *cd*. Fig. 5, coupe suivant *ef*; elle donne les dimensions des fers en millimètres. Fig. 6 et 7, détail d'une panne, dont le profil est *gh*, fig. 5 et 8. Fig. 8, détails du cintre, de la panne en fer, et d'un petit chevron en bois.

COMBLE DE LA GALERIE COLBERT.

Fig. 9 à 13. *Comble en fer de la rotonde de la galerie*

Colbert. — La fig. 9 offre la coupe verticale, dont la moitié est décorée de la vela; la figure 10 en donne la projection horisontale; *ab* donne la longueur du comble, *bc* la longueur de la lanterne. Les verres qui couvrent cette rotonde sont de la forme n° 21, planche 41. Fig. 11 à 13 donnent les dimensions des fers qui forment les arbalétriers.

Fig. 1 à 4. *Emploi du fer pour rendre les bâtimens incombustibles.* — Les bâtimens destinés aux manufactures, que l'on construit à présent en Angleterre, sont à l'abri de l'incendie : les portes, les croisées, les poutres et les colonnes qui les soutiennent, ainsi que les combles sont en fonte de fer; les murs et les voûtes formant les étages sont en pierre ou en brique, et les planchers sont carrelés : il n'y a de bois que les pannes, les chevrons et les lattes pour la couverture (1), qui est ordinairement en ardoises larges ou en tuiles. Ces bâtimens sont d'une étendue immense sur une largeur de dix mètres. On peut y placer dans le sens transversal des métiers à filer, composés de quatre cents broches. Les manufactures de coton ont de sept à huit étages (2). Celles de draperie sont moins élevées; mais les principes de construction sont les mêmes dans l'un et l'autre cas. C'est par économie qu'on a adopté, en Angleterre, l'emploi du fer et de la fonte qui y sont à un prix extrèmement bas (20 fr. les 100 kil.), tandis que le bois y est, en comparaison, beaucoup plus cher, sans offrir la même solidité ni une durée égale. Il est à regretter que ce mode de construction, tout à la fois élégant, solide et surtout indestructible par le feu, ne soit pas plus en usage chez nous. Il n'en existe encore que quelques imitations, même incomplètes : on s'est borné, jusqu'à présent, à substituer des colonnes en fonte (3) aux poteaux de bois qui soutiennent les poutres d'étage en étage.

Fig. 1. Elle représente le plan d'une fraction du plancher, composée de deux travées, à l'un des bouts du bâtiment. Fig. 2. Élévation d'un étage seulement, les autres étant disposés de même. Fig. 3. Élévation dans le sens de la longueur du bâtiment. Fig. 4. Élévation d'une des fermes du comble. Elle est composée de deux parties symétriques réunies par des boulons. Un tirant en F, également de deux pièces réunies avec une clavette au milieu, empêche la ferme de pousser au large. Les sablières G, les pannes H et le faîtage I sont en bois. A, colonne creuse en fonte, d'une seule pièce et dont la forme diminue à chaque étage en raison de la diminution de la charge. Ces colonnes ont, au rez-de-chaussée d'une fabrique de sept à huit étages, 9° de diamètre et 10 à 11 pieds de haut. B poutres, également en fonte, dont trois placées bout à bout font la largeur du bâtiment, en s'engageant dans l'épaisseur des murs latéraux. Elles sont portées vis-à-vis leurs joints par les colonnes A où elles sont agraffées l'une à l'autre par des crampons en fer *a* qui entrent dans leurs rebords inférieurs. Ces mêmes rebords qui règnent dans toute leur longueur, servent d'appui aux voûtes en brique C qui remplissent les travées M. On remarquera que les poutres sont plus larges au milieu que vers les bouts, d'environ un quart, et que ce renfort a une courbure

---

(1) Elles sont disposées sur un plan circulaire et forment une demi-voûte annulaire.

(1) *Voir* les combles des théâtres où toute la toiture est en fer. Les ardoises se clouent sur le plâtre.

(2) On a essayé, il y a plusieurs années, l'emploi de la fonte de fer dans la raffinerie de sucre de M. Delessert, à Passy; mais l'économie a fait préférer l'usage du bois.

(3) A Paris, on se sert beaucoup de colonnes de fonte pour supporter les murs même d'une grande élévation.

parabolique seulement au-dessus. Des trous *b* venus à la fonte reçoivent des tringles en fer D fixées à clavettes. Ces tringles lient successivement les poutres ensemble et s'opposent à la poussée des voûtes C. Elles sont cachées dans le massif de ces voûtes (*Voir* la fig. 3). Le dessus du plancher se nivelle avec des gravois, et le carrelage se fait au mortier de chaux.

HUITIÈME CAHIER.

PLANCHE 43.
NOTE SUR LES ENGRENAGES,
PAR M. LEFÈVRE, LIEUTENANT-COLONEL D'ARTILLERIE.
(Extrait du *Mémorial de l'Artillerie*, 1828.)

Fig. 1 à 6. — CAMUS, dans ses *Élémens de Mécanique*, et, d'après lui, Berthout, dans son *Traité sur l'Horlogerie*, ont enseigné la manière de construire mathématiquement les dents des roues d'engrenages. On trouve dans le *Traité élémentaire des Machines*, de M. Hachette, l'application de la géométrie descriptive à la méthode qui a été adoptée par ces premiers auteurs. Cette méthode consiste, en dernière analyse, à supposer (figure 1), qu'une circonférence BE, tangente aux deux circonférences primitives AE, DE, en leur point commun E, reçoit, en même temps que la circonférence AE, un mouvement de rotation communiqué par la circonférence DE. Cette communication est supposée avoir lieu par l'effet du simple frottement; il en résulte que les trois circonférences se développent réciproquement les unes sur les autres, et que tous leurs points ont des mouvemens semblables et des vitesses égales. La forme des dents doit être telle que le mouvement passe d'une roue à l'autre en remplissant les mêmes conditions. Or, par l'effet du développement, un point quelconque de la circonférence BE, *E a*, par exemple, décrit deux épicycloïdes, l'une sur le plan de la circonférence AE, et l'autre sur le plan de la circonférence DE; si ces courbes étaient attachées à leurs bases respectives et se poussaient mutuellement, elles reproduiraient la transmission au moyen de laquelle leur génération a eu lieu. Ces courbes conviennent donc pour former les roues des engrenages.

Nous supposons connus les détails de construction que les auteurs cités ci-dessus indiquent pour appliquer cette théorie, et nous allons examiner si elle satisfait à tous les besoins de la pratique.

Il peut arriver qu'on ait à transmettre le mouvement d'une roue à une autre, en se réservant la faculté de faire varier la distance de leurs axes; alors les données primitives étant changées, la forme des dents ne satisfait plus aux conditions exigées, et ne convient plus dans beaucoup de machines, surtout dans celles qui doivent fonctionner avec une grande précision, telles, par exemple, que les machines à tailler les vis. On y fait varier les vitesses angulaires, en employant des pignons de diamètres différens qui engrènent avec la même roue : or, un seul de ces pignons engrène exactement; les autres ne peuvent être tracés rigoureusement, puisque, en construisant ce premier pignon, on a arrêté la forme des dents de la roue, et que cette forme dépend de son diamètre. D'ailleurs, le seul effet du frottement suffit pour changer cette forme.

Ces inconvéniens indiquent déjà suffisamment que la forme épicycloïdale adoptée par les auteurs cités n'est pas la plus convenable; la développante du cercle, exempte de ces défauts, est donc préférable; cette courbe jouit encore d'autres avantages que nous ferons connaître.

La figure 2 présente le cas extrême d'une touche unique; c'est celui qui a lieu le plus souvent. Il suppose qu'au moment de l'entrée en engrenage d'une nouvelle dent, celles qui se touchaient se séparent, mais de manière que les deux touches aient lieu en même temps pendant un court instant, sans quoi il y aurait choc entre les deux dents entrantes.

Cela posé, soient C et C' (fig. 3), les centres des rouages; si la ligne CC' est divisée en deux parties CA et C'A proportionnelles aux vitesses angulaires qui doivent avoir lieu autour de C et C'; la circonférence CA et la circonférence C'A seront ce qu'on appelle les circonférences *primitives*. Si par A on tire une ligne quelconque HAI, les circonférences CH et C'I, toutes deux tangentes à cette ligne, donnent, par leur développement, des courbes qui satisfont à la question. Les bras de levier de la puissance et de la résistance deviennent C'I et CH; on sait qu'il est avantageux qu'ils soient les plus grands possible; cette considération va nous guider dans le choix à faire entre toutes les positions que peut prendre la ligne HAI, et nous serons conduits en même temps à terminer nos dents par la partie des développantes la plus rapprochée du point de départ de la tangente génératrice; c'est là que deux développantes symétriques convergent le moins et forment les dents les plus solides. Il faut donc, en général, choisir, pour HAI, la position la plus rapprochée possible de la perpendiculaire à CC'. Quand les rouages sont de rayons différens, AH et AI sont inégales. Nous savons que la touche suit constamment la tangente; déterminons donc sa position, de manière que la plus petite partie AH n'ait précisément que la longueur qui correspond à l'angle, telle que ACH, que doit décrire le rouage pendant que la touche le pousse de A en H. Or, cet angle est connu, puisqu'on s'est donné le nombre des dents de rouage et celui des touches simultanées; la position de CH est donc connue, il suffit d'abaisser la perpendiculaire AH sur cette ligne; la circonférence CH développée fournira les courbes des dents du pignon, et si C'I est abaissée perpendiculairement sur AH prolongée, la circonférence C'I sera la base des développantes qui doivent terminer les dents de la roue. On doit tenir l'angle ACH un peu plus grand que celui qui serait strictement nécessaire, afin qu'un petit écartement des centres n'empêche pas les touches extrêmes d'être simultanées. H étant le dernier point de touche, la circonférence C'H sera la limite de longueur des dents du pignon; si l'on fait AH'= AH pour que le chemin parcouru avant la ligne CC' soit égal à celui qui est parcouru après, la circonférence CH' sera la limite de la longueur des dents du pignon.

La touche intermédiaire devant être en A, on mène par ce point les deux développantes AL, AL'; leur pied L et L' sont les points d'où l'on commence à porter les divisions des dents sur les circonférences CL et CL'; les développantes, menées par les divisions N et N', se touchent au point X' de la tangente; et celles menées par les divisions N''', N'' se touchent au point X de la même ligne; ces courbes vont ensuite se terminer aux limites des longueurs des dents déjà déterminées ; ces limites donnent naturellement celles de la circonférence de l'intervalle entre les dents ; on a soin de laisser un jeu suffisant. Si on achève de diviser les roues, et qu'on fasse passer des développantes par tous les points de division, il ne restera plus qu'à déterminer la partie de la division qui doit former le plein de la dent, et la forme du côté opposé à celui qui touche. On peut le terminer par une surface quelconque, si l'engrenage doit toujours tourner dans le même sens. Il arrive quelquefois qu'on est forcé de le terminer par le prolongement du rayon ; c'est quand les dents ont trop de courbure pour laisser aux dents de l'épaisseur à leur extrémité : cela n'arrive que dans le cas où les diamètres sont dans un grand rapport. On donne généralement aux dents une forme symétrique. Pour cela, il suffit de mener une tangente NI' placée symétriquement par rapport à la tangente IH ; de faire LP égal à la moitié de la division LN''' et N''P' égal à la moitié de la division N''L', et de mener les développantes PR et P'S engendrées par la tangente NI' ; elles couperont cette tangente aux points Q et Q'. On partage en deux parties égales la portion de la tangente comprise entre ces deux points, et, par le milieu, on mène deux nouvelles développantes qui terminent les dents, en leur donnant plus d'épaisseur ; on peut donc avoir des dents d'égale épaisseur dans la roue et dans le pignon, et, en même temps, plus de plein que de vide ; c'est ce qui n'est pas possible avec les épicycloïdes ordinaires : notre méthode fournit donc des dents plus solides.

Si l'on veut tracer les dents d'un pignon d'un diamètre différent de CA, et devant aussi engrener avec la roue C', la position de la tangente sera déterminée par l'angle IAC', qui devient invariable.

Si le nouveau pignon est plus grand que CA, on prendra sur la tangente une longueur égale à AX' ; s'il est plus petit, on prendra nécessairement un peu de touche, et il y aura un instant où l'effort sera supporté par une seule dent. Connaissant la série des pignons qui doivent engrener avec la même roue, il faudra, pour avoir toujours les mêmes touches, faire l'épure de la roue pour le plus petit. Cette construction paraît si simple, que des explications plus détaillées seraient superflues.

Tous les rouages employés dans les nouvelles poudreries du Bouchet et d'Angoulême ont été tracés d'après cette construction ; elle avait été aussi employée à Essonne, pour les engrenages du laminoir.

Pour décrire les développantes, on a découpé une planchette suivant un arc de la circonférence à développer. Posée convenablement sur l'épure, on fait enrouler sur cet arc un fil inextensible, au bout duquel est attaché un crayon ; pendant que l'on enroule, on déroule le fil ; la pointe de ce crayon trace la développante qu'il s'agissait de décrire ; c'est le moyen le plus exact possible. (Diderot a proposé un instrument propre à décrire les développantes. *Voir* le volume de ses OEuvres, qui traite de l'application de ces courbes à la solution de divers problèmes de géométrie.)

Il n'est peut-être pas inutile d'indiquer une méthode simple de déterminer une développante avec la règle et le compas (fig. 4). A est le point par lequel doit passer une développante dont arc a 9 est la base ; on mène la tangente ACB, on mesure exactement la longueur AC, on fait la proportion circulaire $CO : AC :: 360 : x$; le quatrième terme

donne l'angle aOC, qui correspond à un arc aC de même longueur que AC. On divise AC et aC en un même nombre de parties égales ; on porte ces divisions sur l'arc et sur la tangente au-delà de C, et ensuite des points 1, 2, 3, 4, 5, etc., comme centre ; et avec les rayons a1, a2, a3, a4, a5, etc., on décrit une suite de petits arcs, dont les parties comprises entre leurs intersections déterminent la courbe. Chacun de ces petits arcs appartient à un cercle osculateur de la développante. Les praticiens se dispensent de calculer la longueur de arc aC ; ils partagent la tangente en divisions assez petites pour qu'étant portées sur arc aC, on puisse, sans une trop grande erreur, regarder comme nulle la courbure des arcs a1, a2, etc.

En horlogerie, les dents n'entrent en engrenage que dans la ligne des centres, afin d'avoir un frottement plus doux. (CAMUS, *Traité de Mécanique*.) Cette condition est facile à remplir par notre méthode ; il suffit de limiter la longueur des dents du pignon (fig. 2) à la circonférence CA, et diminuer de AT le creux des dents de la roue.

Beaucoup de praticiens regardent comme superflu de déterminer géométriquement la courbure des dents ; ils se contentent de les faire presque droites, et le frottement leur donne bientôt la forme qu'elles doivent avoir. Mais la construction géométrique ne donne pas seulement cette courbure à laquelle ils attachent peu d'importance ; elle fait connaître en même temps la hauteur et l'épaisseur des dents, dimensions qu'il est important de déterminer exactement. D'ailleurs, le défaut d'homogénéité des matériaux ne permet pas à toutes les dents de s'user également ; l'engrenage ne va bien ni en commençant, ni après quelque temps de service. La forme géométrique, en donnant le minimum de pression, remédie à ces inconvéniens ; elle devient indispensablement nécessaire, lorsque les dents ont de grandes dimensions.

C'est en praticien que nous nous sommes occupés de la meilleure forme à donner aux dents des engrenages ; on peut s'en apercevoir à nos descriptions : elles ne renferment pas d'autres notions que celles qui sont familières aux chefs d'ateliers ; l'usage de connaissances plus transcendantes serait moins utile, et difficile pour nous. C'est par ces raisons que nous n'entreprendrons pas d'appliquer la géométrie descriptive au cas des roues coniques : il en résulterait une épure très-compliquée qui n'aurait que le mérite de la difficulté vaincue, et servirait à peu de chose dans la pratique. Pour s'en convaincre, il suffit de jeter les yeux sur l'épure des engrenages sphériques. (HACHETTE, *Traité des Machines.*)

Ayant des roues coniques à construire, on les tracera sur une sphère d'un diamètre médiocre et exactement déterminé ; on se servira avec avantage d'une équerre sphérique du même diamètre, pour tracer des arcs de grands cercles tangens à des circonférences, etc. ; les développantes sphériques seront décrites avec le compas par la méthode déjà indiquée. On peut même les décrire aussi avec un fil, car, s'il est constamment tendu sur une surface sphérique lisse, il sera toujours dans le plan d'un grand cercle. Connaissant le tracé des dents sur cette sphère, on en rapportera toutes les dimensions au rayon qu'on veut avoir, au moyen d'une échelle de lignes proportionnelles ; on aura ainsi le tracé extérieur. On achèvera la dent en menant, par les points de ce tracé, des lignes au point du centre, ce qui formera un cône dont on prendra une portion égale à la longueur que l'on veut donner à la dent.

Pour faire l'épure d'un engrenage, il faut connaître : 1° le rapport des vitesses angulaires des deux roues ; 2° la distance des centres ; 3° l'épaisseur qu'il est nécessaire de donner aux dents pour qu'elles résistent à l'effort qu'elles auront à supporter.

La première donnée résulte des combinaisons de la machine dont les rouages font partie ; la seconde dépend des localités : elle est souvent à la disposition du mécanicien il doit alors donner à ses rouages des rayons aussi grands que possible, surtout si l'effort à transmettre est considérable ; car la pression des dents entre elles, diminuant dans le rapport de l'augmentation des rayons, on peut diminuer leur épaisseur et augmenter leur nombre, ce qui assure une succession non interrompue de touches. Les dents s'useront moins vite : une plus grande durée compensera une dépense d'argent plus forte, et fera éviter les chômages. L'inégalité de dureté de matières dont les dents seront formées aura moins d'influence ; elles conserveront plus exactement leur forme, et le mouvement sa régularité. Enfin, une moindre portion de la puissance sera perdue à faire effort contre les tourillons ; les coussinets dureront plus long-temps ; les axes seront moins sujets à perdre le parallélisme, et cette perte amène promptement la mise hors de service des rouages, surtout lorsque les dents ont une grande largeur, comme dans le cas où l'on veut appliquer un grand effort à un engrenage garni de petites dents. M. Hachette indique ce moyen pour diminuer l'inconvénient de l'inégalité de pression aux points de touche, qui résulte de l'emploi des épicycloïdes.

Ces premières données servent à fixer le nombre de touches simultanées que l'on veut avoir ; ce nombre est plus grand avec les rouages des grands rayons, et garnis de beaucoup de dents, et plus petits dans le cas opposé.

En général, on doit se contenter d'avoir deux dents constamment en contact : cela suppose que trois dents se touchent à la fois, au moment où deux dents nouvelles entrent en engrenage, et où deux de celles déjà engrenées se séparent. Un plus grand nombre de touches exige des dents longues, pointues, et, par cela même, dénuées de solidité. La figure 3 et la figure 5 présentent le même nombre de touches, avec la seule différence que dans la figure 3, les dents extrêmes restent en contact un court instant après l'entrée d'une nouvelle dent en engrenage. On voit quelle influence cette circonstance exerce sur la forme des dents, et ce qui arriverait si ces touches extrêmes continuaient plus long-temps d'avoir lieu en même temps.

En effet les bras du levier de la puissance et de la résistance, qui, pendant toute la durée de la touche, sont dans le même rapport, changent de longueur ; ils sont égaux aux rayons des circonférences primitives au point E, et diminuent en s'éloignant à droite et à gauche de ce point : or, la pression des dents entre elles suit les mêmes variations, par suite, le frottement et la quantité dont elles s'usent pendant qu'elles sont en contact ; leur forme change donc continuellement jusqu'à l'instant où elles arrivent à celle qui permet l'égalité de pression ; c'est cette nouvelle forme qu'elles auraient dû recevoir d'abord, car on sent que la condition qu'elle remplit entraîne toutes les autres. Il faudrait donc que la ligne F G,

fig. 1, eût une position fixe, et que le point de touche, au lieu de parcourir l'inflexion F ee G, fût assujetti à rester sur la droite F G. On arrive à ce résultat en suivant la méthode même des auteurs ; en effet, que l'on substitue à leur circonférence primitive les circonférences A G, D F : que l'on suppose que la circonférence D F transmette, par le frottement, son mouvement à la tangente F G, cette tangente le communiquera de la même manière à la circonférence A G : les circonstances sont les mêmes, excepté qu'au lieu de circonférences auxiliaires, dont les rayons varient avec ceux des roues à faire engrener, nous en adoptons un autre qui aura constamment un rayon égal à l'infini. Un point de cette tangente décrira également sur le plan de chaque circonférence une épicycloïde, et ces courbes qui alors sont des développantes des circulaires A G, D F, remplissent toutes les conditions de la question ; car il est aisé de voir qu'aucune des circonstances qui s'accordaient mal avec la première forme, n'ont d'influence sur les développantes des arcs A G, D F.

Ce moyen de communication par une tangente, a encore l'avantage de n'être pas seulement théorique : on l'emploie dans la pratique en se servant de poulies et de courroies. En adoptant les développantes pour former les dents des engrenages, on ne fait donc qu'imiter une communication usitée et reconnue parfaite.

On trouve la meilleure forme à donner aux dents des roues d'angle, par les mêmes considérations et les mêmes applications du mouvement transmis par le simple frottement. En effet, étant donné, l'angle que doivent faire les axes, si l'on imagine autour de chacun d'eux une surface conique dont le sommet soit celui de l'angle, et la base tracée sur une sphère ayant pour centre ce même sommet, ces deux cônes, dont la figure plane (fig. 6), seront représentés par les triangles isocèles A O B, C O D ; les bases A B, C D représentent celles des cônes, et sont supposées être dans le rapport des vitesses angulaires qu'il s'agit d'obtenir.

La communication de mouvement peut être établie entre ces deux cônes par l'effet d'un grand cercle de la sphère, dont le plan leur serait tangent en même temps, car le cône O F ne peut entraîner le grand cercle par le frottement, sans que le grand cercle n'entraîne de la même manière le cône O E ; toutes les circonférences, suivant lesquelles le développement des surfaces aura lieu, seront animées de mouvemens semblables ; ces circonférences seront constamment sur une même surface sphérique ayant son centre en O sur la sphère O B ; par exemple, on aura les deux circonférences A B, C D qui seront touchées à la fois par une circonférence de grand cercle ; la circonférence D C communiquant son mouvement à celle du grand cercle, celle-ci le transmettra identiquement à la circonférence A B ; ces transmissions se feront exactement, moyennant que les circonférences se développeront exactement les unes sur les autres. On peut donc appliquer à ce cas la même considération que dans celui qui précède, et dire que pendant le développement, un point de l'arc du grand cercle compris entre circonférence A B et circonférence C D décrira sur la sphère deux courbes à double courbure, qu'on peut appeler développantes sphériques ; ces courbes, considérées comme des dents sans épaisseur, seront propres à transmettre le mouvement de circonférence C D à circonférence A B, et par conséquent aux arcs eux-mêmes. Pour donner de l'épaisseur à ces dents, il suffit d'imaginer qu'un rayon de la sphère parcourt leur courbure, et prendre la longueur que l'on voudra de la surface conique engendrée. On sait en effet que le développement des surfaces a lieu en même temps que celui de leurs traces sur la sphère, et que ces surfaces coniques sont engendrées pendant la transmission hypothétique du mouvement; elles conviennent donc à sa reproduction par l'effet de la pression normale.

Je ferai remarquer que dans l'engrenage conique, la pression des dents les unes contre les autres est constante pendant la durée de la touche, seulement pour les développantes situées sur la même sphère; mais qu'elle augmente en même temps que les rayons des sphères diminuent, car les points de contact se rapprochant des axes, les rapports entre les bras du levier de la puissance et de la résistance sont constans; mais les termes de ces rapports varient en passant d'une distance des centres des sphères à une autre. Cette circonstance ne tend nullement à déformer les dents; leurs élémens s'useront successivement, à la vérité, mais conserveront leur forme primitive; la force de la pression, représentant le frottement sur toute la surface, sera une moyenne entre toutes les pressions comprises entre les surfaces sphériques qui terminent les rouages à l'extérieur ou à l'intérieur. (*Fin du Mémoire.*)

Fig. 7 à 9. — *Des roues d'angles.* Les roues d'angles sont des cônes ou des portions de cônes tronqués, roulant sur la surface l'une de l'autre. Si les bases de ces cônes sont égales, ils feront leur révolution dans des temps égaux; si l'un d'eux a deux fois le diamètre de l'autre, à la base, et s'ils tournent sur leurs axes, la base du plus grand fera une révolution pendant que celle du plus petit en fera deux; et toutes les parties correspondantes des surfaces coniques observeront la même proportion. Les dents devront donc avoir les mêmes formes que celles des roues ci-dessus.

Fig. 10. — *Construction des roues de manége pour faire mouvoir une lanterne.* Après avoir donné à ces roues le nombre de dents nécessaire, on divise l'espace entre chaque dent en sept parties, dont trois sont données pour l'épaisseur de la dent, et quatre au diamètre des fuseaux de la lanterne. Lorsque la lanterne est d'un moindre diamètre que la roue, elle porte davantage en proportion du nombre de dents qui excède celui des fuseaux. Si le nombre des dents et des fuseaux est le même, on les fait de même épaisseur. La hauteur des dents est de quatre parties : on divise cette hauteur en cinq parties égales; on en prend trois pour la distance du fond à la ligne du contact des dents, et deux pour la courbe qu'on doit leur donner, afin qu'elles portent également sur le fuseau.

Fig. 11. — *Des cammes pour élever les pilons, les marteaux, etc.* On donne le nom de *cammes* à des bras ou pointes formant rayons prolongés au-delà de la circonférence d'une roue, pour élever verticalement des pilons tels que A B qu'ils laissent ensuite retomber par leur propre poids. La forme des cammes *e* doit agir uniformément pendant tout le temps de l'élévation du bras *d* du pilon. La hauteur, à laquelle chaque camme doit élever le bras du pilon, est indiquée en *d* par des lignes ponctuées. Les faces agissantes des cammes sont des courbes développantes d'un cercle, comme on le verra, fig. 15. La fig. 12 représente une camme en fer. Les fig. 13 et 14 représentent d'autres dispositions des cammes dont l'usage est pour le marteau.

Fig. 16 et 17. — *De la cycloïde, de l'épicycloïde, et de* la forme des dents des roues. Lorsque sur un plan *a c* un cercle X, fig 16, roulant en ligne directe, se tourne en même temps sur son centre jusqu'à ce que chaque partie de sa circonférence ait touché le point *a*, ce point, qui est le plus bas au commencement du mouvement, décrit la courbe *a b c* que l'on appelle *cycloïde*, et qui est engendrée par un mouvement circulaire et rectiligne. Si un cercle X, fig. 17, roule de *a* à *c*, sur la circonférence convexe d'un autre cercle, le point *a* décrira la courbe *a b c* qui est appelée une *épicycloïde extérieure*; et si le cercle X roule dans la circonférence concave du cercle, comme de *a* à *c*, le point *a* décrira l'*épicycloïde intérieure a B c*. Dans tous les cas, le cercle au moyen duquel la courbe est obtenue s'appelle *cercle générateur*.

PLANCHE 44.

Figure 1 à 9. — *Description d'une armature en fer destinée à consolider et à relever des combles détériorés ou affaissés* (1).

Les fig. 1, 2 et 3 représentent l'élévation latérale, la vue par bout et le plan en dessus de l'armature, telle qu'elle a été employée à l'église de Sainte-Marie à Londres : *a* est la solive ou plate-forme appuyée sur le mur latéral de l'édifice; on voit en arrachement ce tirant ou entrait qui ne porte plus sur cette plate-forme, et dans l'état où il se trouvait lorsque l'armature y a été adaptée. Cette armature consiste en deux fermes latérales parfaitement semblables et composées chacune de quatre bandes, dont deux obliques et deux horizontales *b c, d e*, réunies par un lien vertical et fondues d'une seule pièce; elles se terminent par un talon *b*, qui pose sur la plate-forme : ces bandes sont munies de trois oreilles percées de mortaises, dant lesquelles passent des boulons en fer forgé, servant d'assemblage aux deux fermes. L'un de ces boulons est représenté en *f*, fig. 9 *bis*; il porte d'un bout une tête plate, est percé d'une mortaise pour recevoir une clavette *g*. On passe sous ces boulons des plaques de fonte d'une longueur égale à la largeur de la pièce qui est de 6 pouces. On voit en *h i*, fig. 9 *bis*, l'une de ces plaques en plan et en coupe; elle porte une rainure, dans laquelle se loge le boulon lorsqu'il est mis en place (2).

Fig. 5 et 6. Elles représentent une élévation latérale, une coupe par le bout, sur la ligne *y y*, d'une armature destinée à consolider un comble détérioré à l'endroit de son assemblage où il porte sur le mur. L'arbalétrier étant moins épais que

____

(1) Cette invention a valu à son auteur, M. Ainger, la grande médaille d'or, que lui a décerné la Société d'Encouragement de Londres.

(2) Voici le moyen qu'on a employé pour fixer cette armature sans déranger le comble.

On a commencé par placer un support provisoire sous la partie de la pièce de bois encore saine; ensuite on a retranché tout ce qui était détérioré ou pourri; on a enlevé la solive ou plate-forme qui se trouve aussi en mauvais état, et on l'a remplacée par une neuve. Cette opération terminée, deux hommes se sont placés de chaque côté de la poutre et, ajustant d'une main l'armature, de l'autre, ils ont passé un boulon à travers l'oreille *d* et l'ont arrêté par la clavette. L'armature ainsi suspendue par le boulon, l'ouvrier a appliqué l'une des plaques nº 27 contre la partie en *e*, et l'a maintenue jusqu'à ce que le second boulon ait été placé et la clavette engagée : alors il a soulevé la partie *d* de l'armature, ce qui assujétit la plaque inférieure; une plaque semblable ayant été passée sous le boulon *d*, on a serré fortement les clavettes; ensuite, on a chassé sous la plaque en *d* des coins de chêne très-durs, ce qui a donné la solidité convenable à tout le système; on a opéré de même à l'égard du boulon *c*; et ensuite on a amené le talon *b* sur la plate-forme, où il a été arrêté par des forts clous ou des vis. Finalement, on a enlevé le support provisoire et tout le système s'est trouvé solidement établi.

Cette opération n'a pas duré plus de dix à quinze minutes, et n'a pas occasioné le le tirant, il a fallu accommoder les formes de cette différence de dimension (1).

Fig. 8. *Armature en fonte pour soutenir ou relever une solive qui se serait affaissée ou rompue.* Cette armature consiste en deux pièces semblables, composées chacune de deux triangles, et d'un carré ou parallélogramme, dont la partie inférieure supporte une plaque en fer forgé avec deux vis à chaque bout que l'on voit séparément en *s s*, fig. 3 (1), deux plaques plus petites *t u*, également munies de boulons.

Fig. 10 et 11. — Cette disposition représente le plan et la coupe verticale d'un sabot ou chapiteau, en fonte de fer, que l'on proposait (2) pour un système de piliers et de planchers, un pilier en bois supportant quatre poutres, dont les abouts se réunissent, ainsi que le pilier dans le sabot, et réuni par des boulons. Ces poutres, ainsi reliées entre elles, forment à chaque étage un grillage général, qui donne une grande solidité à tout l'édifice, et dispense des murs de refend qui nuisent au mouvement : la moitié du sabot est représenté vide, et l'autre contient les poutres.

Fig. 12 et 13 — *Moyen employé pour éviter l'odeur provenant des latrines ou les exhalaisons des égoûts, des lavages ou tout autre immondice.* Les eaux se rendent dans une cuvette par un large tuyau dont l'extrémité est constamment immergée, ce qui ferme tout passage aux gaz, le tube qui porte le grillage étant continuellement plongé dans l'eau.

Fig. 14 et 15. — *Machine pour enfoncer les pieux,* vue de côté et de face. Le mouton *a* se meut entre deux poteaux *b*, placés parallèlement entre eux dans une position verticale ; il y est maintenu au moyen de deux rainures pratiquées sur ses côtés et de deux tringles de bois *c* correspondantes, fixées en regard sur les faces intérieures des poteaux. Au bas est un petit treuil *d* portatif, dont la corde, après avoir passé sur la poulie de renvoi *e*, placée au sommet de l'échafaud, vient se fixer à la chappe du curseur *f*, lequel, à son tour, à l'aide d'une pièce double qu'on voit en *g*, saisit le mouton. Contre les faces intérieures des poteaux, se trouvent deux plans inclinés *h*, qui se rapprochent tellement, que, lorsque les deux branches supérieures de la pièce double viennent s'y engager, par l'effet de l'ascension du mouton, les branches inférieures s'écartent en lâchant ce mouton, qui tombe de tout son poids sur la tête du pieu. Alors, désengrenant le pignon du treuil, le curseur, armé de sa pince, ayant un poids suffisant pour entraîner le câble et le faire dérouler de dessus le treuil, vient de suite ressaisir le mouton, et la manœuvre peut aussitôt recommencer.

moindre dérangement soit dans la charpente du comble, soit dans les panneaux sculptés dont se compose le plafond.

Relativement à la dépense, il est incontestable que le fer est préférable au bois. On a employé pour chaque bout de solive 126 livres de fonte et 12 livres de fer forgé, dont le prix est de 14 schellings (18 francs) le quintal pour la première, et 6 pences (60 centimes) la livre pour le second. On ne peut pas évaluer exactement le prix de la main-d'œuvre ; mais si l'on compare cette dépense à celle d'une pièce de chêne de six pieds de long sur un pied de large et quatre pouces d'épaisseur, et de trois à quatre boulons à écrous pesant 9 à 10 livres chacun, on verra qu'elle se trouvera doublée sans compter les difficultés et les risques de percer des mortaises dans des bois altérés.

(1) La description des figures précédentes suffit pour l'intelligence de celles figure 8.

(2) Par M. Bruyère, pour les greniers publics que l'on devait élever à Saint-Maur. On en trouve le plan général dans ses *Études de l'Art de construction* que l'on peut voir pour ses avantages.

Fig. 16. — Coupe du curseur et du mouton, ainsi que la manière dont la pièce double les unit l'un à l'autre.

Fig. 17. — Autre *curseur* armé d'une pince également double, mais dont les branches diffèrent de celles de la première. L'extrémité des branches supérieures porte des galets qui facilitent leur entrée entre les plans inclinés du haut de l'échafaud.

Fig. 27 et 28. — Autre *curseur* avec sa pince et son ressort.

On se sert aussi d'un crochet qui ne lâche le mouton qu'au moment où l'on tire la corde. La forme du crochet est très-variée.

Fig. 18 à 25. — *Pince, esse, crochets et louve.* Tous ces outils en fer servent à enlever les pierres dans les grandes constructions. Il y a plusieurs formes de louves ; les unes sont en ciseaux, d'autres sont en coins, fig. 23 et 24.

Fig. 28 à 30. — *Ecrevisses* pour retirer les matériaux qui sont au fond des rivières.

Fig. 31 à 33. — *Joint universel*, pour communiquer le mouvement. On peut le construire comme on le voit, fig. 31, avec quatre pivots fixés à angle droit sur la circonférence d'un cercle ou d'une sphère solide. Il est utile pour les machines, et trouve beaucoup d'applications.

Fig. 34. — *Ferrure* d'un pieu en fer forgé.

Fig. 35. Plan et coupe d'un sabot, en fer forgé, pour armer les pieux et pilots en usage dans les constructions hydrauliques.

PLANCHE 45.

POMPE ASPIRANTE ET FOULANTE.

Figure 1. — L'objet d'une pompe aspirante est d'élever l'eau dans un tuyau tel que *d c a*, à une hauteur déterminée, par le niveau *gg*. Cette hauteur étant donnée, on place la soupape *a* du tuyau aspirateur *eg* à une hauteur moindre que *gg*. On diminue autant que possible la distance de cette soupape et du piston. Dans le corps de pompe cylindrique *eg*, se meut un piston *b*, qui est fermé, à sa partie supérieure, par une soupape ; les deux soupapes placées en *a* et *b*, s'ouvrent de bas en haut. Lorsqu'on soulève le piston par la tringle *g*, on raréfie d'abord l'air contenu dans le tuyau aspirateur. La pression atmosphérique oblige l'eau à remplacer l'air sorti par la soupape *b*. Après quelques coups de piston, l'eau s'élève en *gg* ; alors, le piston qui s'abaisse comprime l'eau, et oblige la soupape *b* à s'ouvrir. Lorsqu'il s'élève de *ee* vers *gg*, la soupape *b* se ferme, et la soupape *a* s'ouvre ; l'eau passe du tuyau aspirateur dans le corps de pompe, et la colonne d'eau s'élève dans le réservoir *gg*. Dans la théorie, la distance où s'élève le piston *b* au-dessus du niveau de l'eau, est de trente pieds ; mais, dans la pratique, cette distance ne dépasse pas vingt-quatre pieds.

On voit à droite et à gauche de la figure 1, l'appareil d'une pompe dont l'extrémité du tuyau plonge dans un puits. Le mécanisme qui fait agir le piston est composé d'un balancier *c*, dont le point d'appui est porté par deux supports *d* attaché au faîtage *e*. L'extrémité *f* de la tige du balancier est embrassée par une fourchette *g* d'une bielle *h* ; l'autre extrémité de cette bielle est montée à coussinet sur la branche coudée d'un arbre placé sur des coussinets, portant deux manivelles. Ainsi les oscillations de la tige *f* sont produites par la rotation de l'arbre coudé *i*, laquelle est aidée par un volant à trois branches *k*, armé de plomb (ce volant est très en usage. On doit lui préférer celui formé par un cercle fig. 10. L'assemblage des quatre rayons formant l'œil, et pressant les coussinets contre l'arbre, il doit être préféré à celui marqué *i*. Fig. 11, extrémité du volant. Fig. 12, un des coussinets.) Deux tringles *m*, coudées à fourchettes à leurs abouts, et coudées de *n* en *o*, pour laisser agir la bielle *h* et la tige *f*, s'attachent au bras *p* du balancier *c*, et aux tiges *q* du piston. L'arbre *i* est porté par deux appuis en bois scellés dans le pavé de la pierre.

Les figures 2 à 4 donnent les détails en grand.

Les figures 5 à 9 donnent l'ensemble de mécanisme de diverses pompes qui sont généralement exécutées.

Planche 46.

Fig. 1 à 9. — *Cric à crémaillère.* — Il se compose d'une barre de fer *a* taillée sur un de ses côtés en crémaillère, dans laquelle engrène un pignon *c*. A côté de ce pignon et sur le même axe, est fixée une roue *d*, qu'un second pignon *e* fait agir au moyen d'une manivelle *f* montée sur son axe prolongé au-dehors du morceau de bois qui forme le corps du cric. Le tout est consolidé par une frette qui lie le pied, et par des plaques de fer détachées, fig. 5 et 6, à travers lesquelles passent les axes des pignons *d* et *e*. La barre *a* est encastrée dans l'intérieur du corps, de manière à pouvoir monter et descendre librement dans le sens de sa longueur. Elle est maintenue dans sa direction par des pièces de fer encastrées sur le bout supérieur et vis-à-vis des engrenages. Le haut de la barre, qui se nomme la *tête du cric*, porte une pièce de fer façonnée en croissant, mobile sur elle-même, afin de lui faire prendre la position qui convient le mieux à la manœuvre. Le bas de cette barre est recourbé en équerre, et vient former en dehors une saillie *b*, qui peut descendre tout près du plan sur lequel pose le cric. Ainsi, on se sert de la tête ou du crochet, suivant la position de la masse que l'on veut soulever : il suffit de pouvoir introduire dessous l'une ou l'autre et de tourner la manivelle, une petite roue *h*, qu'un déclic *g* empêche de remonter.

Fig. 10. — *Autre cric à crémaillère.* — La coupe verticale fait voir l'intérieur de la boîte en fer, les différens pignons et roues qui communiquent le mouvement à la crémaillère.

Fig. 11 à 14. — *Cric à vis.* — La barre *a* est une vis à pas carrés qui monte et descend par le moyen d'un écrou *b*, et d'une vis sans fin *c*, dont on voit le plan fig. 15. L'axe de cette vis est prolongé en dehors pour recevoir une manivelle. Le haut de la vis *a* porte un croisillon en fer fig. 14, qui forme la tête de la vis; et, sur son bout inférieur, est ajustée et tenue à écrou une pièce de fer en équerre *d*, qui présente une saillie comme dans le cric à engrenage.

L'écrou *b* pose et tourne sur une lunette fixe *e* en métal, à travers laquelle passe la vis *a*, qui monte et descend par l'effet de ce même écrou, mené par la vis sans fin *c*. Elle passe également à travers une seconde lunette *f* qui recouvre le haut du cric; la pièce *d*, glissant dans une coulisse calibrée, empêche la vis *a* de tourner sur elle-même.

Fig. 15 à 24. — *Ressorts.* — Un bon ressort doit réunir la flexibilité à l'élasticité. Les exemples donnés par les figures sont des ressorts d'acier; on les emploie comme moteurs.

Ressorts réacteurs. — Ils sont formés par un axe fig. 21, ou par un ressort fig. 27, ou par une hélice fig. 26. Ce dernier s'appelle *ressort à boudin*. Une branche repliée de différentes manières, fig. 28, dont l'extrémité *d* est arrêtée, tandis que l'autre *c*, est libre, et comprime la gâchette *b*, et l'oblige à arrêter fixement la roue.

Figure 1. *Ressorts à suspension.* — Ils sont de la plus grande utilité pour amortir les secousses violentes et multipliées. Les figures 29 à 32 représentent plusieurs dispositions de ressorts à suspensions. Ils sont composés de plusieurs lames superposées dont la longueur diminue graduellement. Fig. 16, dessous du ressort. Fig. 15 et 17, profil d'une des lames. Les figures suivantes donnent la coupe et la vue, par bout, du ressort adapté à l'essieu et au brancard d'une voiture ainsi que les différentes ferrures employées pour la suspension.

Planche 47.

MACHINES, OUTILS, EMPLOYÉS POUR TRAVAILLER LE FER, TELS QUE LE MARTEAU, LE LAMINOIR, LA MACHINE A FENDRE, LA CISAILLE, etc.

Le marteau, par la percussion, agit à la fois sur tous les points d'une surface métallique assez étendue; de telle façon qu'un grand nombre de molécules reçoivent, dans le même instant, une action vive et égale du marteau.

Le laminoir ne presse que sur une ligne de la largeur de la pièce métallique, et très-étroite dans le sens de la longueur. Le petit nombre de molécules saisies par la force, se refoulent en se portant en avant par la rotation des cylindres. Il résulte de là que le marteau comprime beaucoup plus les molécules qu'il ne les étend, et que le laminoir les étend bien plus qu'il ne les refoule sur elles-mêmes. On peut juger, d'après cette seule observation générale, si dans tous les cas il est possible, en substituant le laminoir au marteau, d'obtenir des résultats identiques; dans beaucoup de cas, l'action vive du marteau est préférable à la simple pression du laminoir. Le fer corroyé et étiré de tout point par le laminoir aura un tout autre grain, et un nerf plus alongé que celui qu'on aura corroyé au marteau, et que dès-lors, pour certains usages, ce dernier sera préférable au premier.

Figure 1 et 2. — *Plan et profils d'un martinet* (*Voir* la description des fig. 3 et 4.

Fig. 3 et 4. — *Ordon.* Il est composé d'un marteau *a*, d'une enclume *r*; elle repose sur une forte charpente. Un arbre *g* garni de cammes, et placé perpendiculairement à la direction du manche du marteau, et d'une roue hydraulique destiné à recevoir l'action du courant d'eau qui doit mettre en mouvement la machine.

Fig. 5. — Autre *ordon.*

Fig. 6 et 7. — *Laminoir pour fabriquer la tôle.* Ce laminoir est composé principalement de deux forts cylindres en fonte de fer *a* et *b*, assujétis et poussés l'un sur l'autre au moyen des vis *c*, dans des cages *d* où ils tournent par l'effet d'un moteur quelconque, mais d'une grande force; *e* pignons engrenant l'un dans l'autre, montés sur les axes prolongés des cylindres : *f* poupées à lunettes garnies, comme les poupées ou cages *d*, de coussinets de cuivre, qui maintiennent convenablement engrenés les pignons *e*; *g* manchons en fonte qui unissent bout à bout les diverses pièces *h* dont se composent les prolongemens des axes des cylindres. On remarque, fig. 7, que la coupe des axes, et, par conséquent, le trou des manchons est en quadrilatère à face rentrantes et à arêtes arrondies; *i*, clef au moyen de laquelle on tourne les vis *c c*, pour presser le cylindre supérieur sur l'inférieur, au moment du travail à mesure que la tôle est amincie.

Tout cet appareil est solidement fixé sur un massif horizontal en pierre de taille, le mouvement lui est communiqué par l'axe du cylindre inférieur, qui ne change point de place; mais le cylindre supérieur est disposé de manière qu'il puisse monter et descendre suivant l'épaisseur de la tôle qu'on lamine.

A cet effet, on met un certain intervalle entre les poupées du cylindre et celles des pignons, pour rendre moins sensible le changement de direction de l'axe supérieur, quand le cylindre supérieur vient à monter; on a soin aussi, pour la même raison, de laisser un peu de jeu dans l'ajustement des machines. La surface des cylindres de laminoir doit être dure et unie, et on regarde, en général, comme les meilleurs ceux qu'on a coulés dans des moules de fonte.

Fig. 8 et 9. — *Cylindres à canneler, circulaires, pour forger le fer.* Les deux paires de cylindres servent à faire des barres carrées, des fers ronds et demi-plats. Ces cylindres comme ceux des laminoirs sont maintenus dans de fortes cages où ils sont également assujétis à tourner par des pignons d'engrenage. On leur donne environ 33 centimètres de diamètre, et une vitesse de cinquante à soixante tours par minute. Le morceau de fer que l'on veut forger, sortant rouge-blanc du four à réverbère, est d'abord présenté vis-à-vis la plus grande gorge, où il éprouve un certain degré de tirage : on le passe ensuite à la seconde, à la troisième gorge, jusqu'à celle où la barre est arrivée au calibre et à la longueur qu'on veut obtenir, et cela dans une seule chaude.

Les gorges des cylindres sont faites au tour et doivent parfaitement se correspondre; on a soin surtout que les gorges aient, dans l'un et l'autre cylindre, le même diamètre.

Fig. 10 et 11. — *Laminoir à cylindres creusés.* Ces laminoirs forment des barres cylindriques lorsque la cavité est creusée en demi-cercle, ou bien ils profilent des moulures lorsqu'ils ont des formes analogues à celles indiquées fig. 11. Les fers qui couvrent la galerie vitrée du Palais-Royal et de la galerie de Fer, fig. 13 et 14, pl. 22, fig. 22, pl. 27, sont confectionnés par ces procédés.

Fig. 12. — *Machine à fendre le fer.* Cette machine est disposée comme un laminoir; mais au lieu de cylindres, on y voit deux axes sur lesquels on a enfilé des disques en acier qui se croisent. Les axes *a* sur lesquels sont montés les disques *b* également espacés, sont tenus à une distance telle que le croisement des disques soit invariable. La construction de cette machine exige la plus stricte égalité dans les dimensions des disques, ainsi que dans celles des tourteaux qui les séparent. Ceux-ci doivent avoir un peu plus d'épaisseur que les disques, afin d'éviter les frottemens latéraux qui rendraient la machine plus dure à tourner. Les barres de fer mi-plat qu'on destine à faire du *feuton*, sont présentés rouges par un de leurs bout à la fenderie, entre des guides qui ne leur permettent pas de changer de direction. Les axes *a a* portent chacun une forte embase contre laquelle les disques et les tourteaux viennent s'appuyer : le tout est consolidé au moyen d'une seconde embase et de quatre boulons qui viennent lier solidement tous les cylindres.

Fig. 13. — *Cylindres gravés.* Ces sortes de cylindres servent à gaufrer les étoffes, c'est-à-dire à y imprimer des dessins quelconques. Le cylindre inférieur doit être lisse.

Fig. 14 et 15. — *Cisaille circulaire.* Fig. 14, vue de profil : *a*, support à colonnes et à vis de pression, un support semblable est placé en face et en arrière de celui-ci, à une certaine distance (*Voir* la fig. précédente) : *b*, axes maintenus parallèlement entre eux, et pouvant tourner sur eux-mêmes, comme un laminoir, dans les supports *a* : *c*, cercle en fer que portent dans des plans verticaux différens, les axes *b* en-dehors du support *a*. Ces cercles sont recouverts de zones *d*, en acier fondu, qui forment le tranchant de la cisaille, et qu'on remplace aisément quand elles sont hors de service. L'écartement des axes est tel, qu'on le voit fig. 15 où les cercles se croisent légèrement : *d*, vis de pression au moyen de laquelle on fait appuyer la cisaille inférieure contre la supérieure.

La tôle, par exemple, qu'on présente dans l'angle curviligne *e* que forment entre elles les circonférences des cercles *c*, mis en mouvement par un moteur quelconque, se trouve découpée suivant des lignes droites, et par un mouvement de rotation continue.

Fig. 16 à 18. — *Machine à tréfiler.* Elle sert à tirer le gros fil de fer, de cuivre, par le moyen d'un levier angulaire et d'une tenaille à coulans : *a*, banc de bois, tenu dans une position inclinée; *b*, levier angulaire, articulant autour du point d'appui *a*; *c*, filière percée de plusieurs trous maintenue entre des tasseaux sur le banc; on en voit le plan et la coupe fig. 18. Tenaille, au moyen de laquelle et avec un coulant, on saisit et l'on tire le fil de fer à travers la filière. On la voit en grand fig. 17.

Avec cette machine, le tréfilage n'a lieu que par reprise, en faisant mouvoir le levier *b* dans un plan vertical, autour de son point d'appui *a*.

PLANCHE 48.

DÉCOUPOIR A LEVIER.

Il se compose de deux parties : 1° le découpoir proprement dit; 2° le chevalet moteur; le devant sert à couper des pièces en fer, qui ont besoin d'être multipliées. Le mouvement du levier fait cisaille avec le sommet du bloc *a*; cette cisaille sert à couper les tôles d'une forte épaisseur, des lames de fer, etc. La première de ces machines a été exécutée dans les ateliers de M. Pictes, mécanicien, à Paris. L'artillerie a fait construire cette machine, en y faisant des changemens analogues aux pièces qu'il fallait confectionner. Quatre ans d'expérience, dans les arsenaux de Toulouse, Douai et Auxonne, ont prouvé la bonté de la machine.

a Bloc à semelle en fer coulé, la partie supérieure fait cisaille avec le levier.

b Levier en fer forgé, assemblé avec le bloc par un boulon en acier, qui est retenu par une rondelle et une goupille en fer forgé.

c Axe du levier.

d Demi-collier à tige, avec rosette en fer coulé, garni d'un coussinet en bronze, d'un clavette en fer forgé.

e Demi-collier en bronze, assemblé au demi-collier en fer coulé, par quatre vis à chapeau en fer forgé.

f Piston en fer forgé, retenu par deux brides et deux boulons dont l'un le fixe à l'extrémité du levier.

g Porte-poinçon en fer forgé. (*Voir* fig. 13, 14 et 15.)

h Poinçon pour découper les rosettes, représenté fig. 23.

i Matrice d'*idem*, avec une rondelle d'exhaussement de matrice. (*Voir* fig. 11 et 12.)

k Corbeaux servant à fixer les matrices au moyen des arê-
toirs.

l Mors de cisaille.

m Ressort qui fait retomber le levier. Il est composé de
sept feuilles en étoffe, assemblées par un lien et un boulon. Le
ressort est placé sous le chevalet moteur ; il est fixé sur les
deux entretoises de derrière du cadre. Il agit sur le petit bout
du levier pour le faire tomber sur un support en bois *s*. La
tension du ressort, qui se règle au moyen de sa chaine, est
plus ou moins forte selon la pièce que l'on a à découper ; cette
tension est très-forte quand on perce et découpe en même
temps des fers de 30 à 35 millim. d'épaisseur ; elle est moins
forte pour découper les pièces de 8 à 10 et d'un diamètre de
100 à 110 millim. ; enfin, elle est nulle ou à peu près, quand
on découpe les petits objets que l'on découpe à froid.

n Roue d'entrée, portant un camme-galet *b'* en fer coulé,
d'un axe de lame en fer forgé, d'un arbre de roue portant
manivelle, fig. 9. (*Voir* les détails, fig. 10.)

o Pignon en fer forgé. Il traverse l'axe du volant.

p Volant monté sur l'axe du pignon. Il y en a deux, un de
chaque côté des châssis. Dans les premiers découpoirs exécutés,
il n'y avait qu'un. (*Voir* fig. 5 et 6.)

q Châssis en fonte de fer, réunis par trois entretoises, portant les coussinets des axes. (*Voir* fig. 24 et 25, le profil du
montant de la base du support.)

r Jumelles sur lesquelles sont boulonnés le bloc et les châssis
du chevalet.

s Support en bois, garni en-dessus de plusieurs épaisseurs
de cuir.

b' Camme-galet.

n' Chaine de ressort.

v Anneau à pattes et à scellement, avec un boulon à écrou,
servant à assujétir les jumelles à la maçonnerie.

Fig. 1. — Cette figure fait voir le découpoir monté avec la
matrice. Lorsque l'on veut découper des pièces d'une autre
espèce, on remplace cette matrice par celle de la pièce que
l'on veut découper ; à cet effet, on ôte les clavettes des corbeaux, puis les corbeaux ; on soulève un peu la matrice pendant qu'on retire de dessous la rondelle d'exhaussement, et,
en laissant descendre la matrice sur la semelle du bloc, les
poinçons de coupoir se détachent de leur plaque conducteur, ce qui permet d'ôter la matrice. On remplace les poinçons découpeurs par ceux de la matrice que l'on veut mettre
en place : cette opération se fait par le désassemblage et le
rassemblage avec le piston du découpoir, des pièces qui portent le poinçon. Pour placer la nouvelle matrice, on l'introduit sous le poinçon, on fait entrer ceux-ci dans la plaque
conducteur, on place la rondelle d'exhaussement, puis les
corbeaux, et après avoir fait jouer plusieurs fois le levier pour
que les poinçons amènent la matrice à sa véritable position,

on enfonce les clavettes de corbeaux. Le montage et le démon-
tage ne présentent pas de grandes difficultés ; néanmoins, ces
différentes opérations demandent assez de soins de la part
de l'ouvrier qui en est chargé, pour que le service ne soit
confié qu'à un homme intelligent et très-soigneux.

Les pièces qui se percent et se découpent à froid, présentent rarement des difficultés ; mais celles qui se percent et se
découpent à chaud, nécessitent une grande perfection dans
les matrice et poinçons, attendu que les difficultés qu'on
rencontre dans le travail, proviennent toujours de l'imper-
fection des outils. On doit étudier les matrices et poinçons en
usage, fig. 13 et 14. Ils peuvent être très-multipliés, en raison
des pièces que l'on veut découper. Cette description peut
servir pour la fig. 4, qui donne la vue par devant.

Fig. 2. — Plan de la machine. Le bloc à semelle et le
chevalet monté forment l'ensemble de la machine : ils sont
établis sur deux jumelles en bois de chêne, assemblées par
quatre entretoises de même bois ; les jumelles, ainsi assemblées, forment un cadre qu'on place sur une fondation en
maçonnerie, dont la couche supérieure est une pierre de
taille. Le cadre est fixé vers le milieu de sa longueur par un
boulon. Deux fosses (elles ne sont pas sur la gravure), revêtues en maçonnerie, sont réservées de chaque côté de la
tête du bloc à semelle ; dans la plus grande se place l'ouvrier
découpeur ; dans l'autre tombent les pierres découpées.

Fig. 3. — Vue par derrière.

Fig. 4. — Vue par devant.

Fig. 5 et 6. — Vue intérieure du moyeu de volant, avec
une patte du rayon qui s'assemble avec le moyeu ; fig. 6,
profil du moyeu.

Fig. 7 et 8. — Coussinet en cuivre de l'arbre de la roue.

Fig. 9. — Manivelle.

Fig. 10. — Détails d'un moyeu de la roue d'entrée.

Fig. 11 et 12. — Plan et coupe d'une matrice ; *a* corps
de matrice, *b* rondelle en acier, *i* plateau de recouvrement.

Fig. 13. — Plan et élévation d'un porte-poinçon *g*, et du
poinçon *b* ; les deux poinçons sont cylindriques ; leur disposition est celle qui convient pour couper et percer la rosette, fig. 23. Les poinçons sont en acier trempé.

Fig. 14 et 15. — Autres poinçons pour découper et percer
des rosettes dont la forme est celle fig. 19. Le poinçon est en
fer et l'extrémité *de* est en acier trempé ; on la fixe en dessous au moyen de vis.

Fig. 16 à 18. — Détails de matrices pour les poinçons,
fig. 14.

Fig. 19 à 22. — Dessin de rosettes-écrous à découper
avec le découpoir à levier.

On confectionne des poinçons et des matrices pour autant
de pièces différentes que l'on veut découper.

NEUVIÈME CAHIER.

Les planches 49 à 51 offrent une variété de balcons, dont
les principaux motifs sont en fonte, et font voir combien on
peut différencier ces motifs par la combinaison des rosaces,
des palmettes et des balustres. Les panneaux qui remplissent
l'intervalle des pilastres, étant de dimensions différentes, le

compositeur peut agrandir son balcon à volonté. Pour composer un balcon, il suffit d'ajuster des motifs dans des châssis
de grandeur donnée. Il y a peu de travaux de ce genre qui
n'aient été exécutés avec des matériaux déjà en usage. J'en
offre qui ont été composés tout exprès, tels que les deux qui

sont au bas de la planche 49 : le balcon, rue des Fossés-Mont-martre, pl. 50, et la grille d'appui de la fontaine du carre-four Gaillon, pl. 51. Ces ornemens, quoique exécutés pour une destination spéciale, peuvent néanmoins recevoir toute autre application, comme on peut le voir dans les autres bal-cons et grilles d'appui, dont la composition y offre beaucoup de variantes par l'emploi des détails d'ornemens.

Planche 50.

Figure 1. — Balcon exécuté au deuxième étage, boulevard Saint-Denis (*Voir* celui du premier étage, pl. 49), fig. 2 à 5, exécuté Cité Bergère ; fig. 5, aux Champs-Élysées. Fig. 6 à 8, appuis de fenêtres reproduits dans différens quartiers de Paris.

Planche 51.

Figure 1 et 2. — *Plan de la fontaine du carrefour Gail-lon*. Il fait voir la position de la grille, fig. 2, et les deux candelabres, dont l'un est fig. 4, pl. 61. Les panneaux qui remplissent cette grille ont été composés par M. Visconti, architecte, et enrichis, à l'instar des ornemens de la fon-taine, d'animaux amphibies, et de plantes aquatiques d'un beau choix. Les variétés des fig. 3 à 8 sont reproduites dans divers quartiers de Paris sous des proportions différentes ;

fig. 9, rue Grange-aux-Belles ; fig. 10, rue Saint-Martin ; fig. 11 et 12, boulevard Saint-Martin.

Planche 52.

Fig. 10 à 15. — Cinq balcons, et trente-neuf motifs de baies et dessus de portes d'allée, exécutés dans divers quar-tiers de Paris.

Planche 53.

Douze motifs de grilles d'appui et d'enceinte exécutées au cimetière du Père-Lachaise. Les numéros 1, 2, 3, 4, 5, 6, 7, 9 à 12 ne donnent qu'une portion de ces grilles. Tous les motifs d'ornemens s'y trouvent très-multipliés.

Planche 54.

Figure 1 et 2. — Deux grilles dont l'assemblage est remar-quable. La fig. 1 offre la manière de monter la grille. La fig. 2 représente la grille montée et mise en place. Les bar-reaux *a b* sont dessinés isolément pour faire voir la moitié du barreau qui reste cylindrique, et celle percée de trous ronds. Fig. 3, grilles d'appui d'un autel dans l'église de Saint-Denis. Deux détails de la grille, fig. 3. Fig. 5 à 10, grilles, balcons et portes dont les motifs sont pris à Londres.

DIXIÈME CAHIER.

Planche 55.
GRILLES D'APPUI ET D'ENCEINTE DE TOMBEAUX AU CIMETIÈRE DU PÈRE LACHAISE.

La figure 14 fait voir par bout un entourage de tombeau ; l'autre côté représente trois torches. Les fig. 12, 13, 15 à 17 ne donnent que des fragmens d'entourage, vus sur le grand côté.

Figure 1. — Un des balustres de l'escalier du théâtre des Nouveautés. Fig. 2. Balustre d'un hôtel, rue de Lon-dres, n° 18.

Fig. 2. Rampe et balustre d'un des petits escaliers du théâtre de l'Opéra-Comique. Fig. 3 à 10. Variétés de dessins de balustres dits à l'*anglaise*. Cette disposition offre un grand avantage sur les autres rampes, puisqu'elle donne en plus à l'escalier toute la largeur du limon. (*Voir* l'emploi des fers creux, pl. 28.) Fig. 18. Motif d'un panneau fait pour une grille d'appui à l'église Notre-Dame-de-Bonne-Nouvelle et à l'église Saint-Pierre du Gros - Caillou. Les ornemens sont dorés ; les fers sont peints en bleu.

Planche 56.

Figure 1 à 4. — *Grilles d'enceinte de monumens*. Fig. 5. Colonne en fonte de fer et grille d'enceinte à l'entrée du bâ-timent de la machine de Marly. Fig. 6. Décoration de la grille placée à la porte d'entrée et au milieu du bâtiment. Fig. 7. Une des fontaines qui sont à l'entrée de la machine, l'une donnant de l'eau chaude, et l'autre de l'eau froide. Fig. 8. Une des fontaines placées aux grilles latérales de la machine. Fig. 9. Vasque et balustre pour fontaines à établir dans les jardins. Fig. 10. *Fontaine appliquée contre un mur et servant à la décoration des cours.* Elle est composée de trois pièces en fonte de fer, qu'on peut se procurer sépare-ment dans les ateliers de M. Ducel. La sculpture est de M. Plantard. Fig. 11 et 12. Extrémités de tuyaux pour des

puits artésiens. Fig. 13. Patère d'où sort l'eau qui sert à laver les urinoirs du jardin des Tuileries ; l'eau jaillit en nappe et coule contre la paroi qui forme l'enceinte.

Planche 57.
ESCALIER EN FONTE DE FER DU PALAIS-ROYAL, GALERIE VITRÉE, ET DU THÉÂTRE DU PALAIS-ROYAL.

L'architecte M. Fontaine a fait exécuter le premier ; la sculpture est de M. Plantard ; la fonte par M. Colas ; la pose et la serrurerie par M. Mi-gnon.

Le noyau, qui est cylindrique, est formé par un tube ser-vant de tuyau de cheminées placées dans les caves.

Figure 1. — Plan au niveau du sol. Fig. 2. Plan au pre-mier étage. Fig. 3. Elévation d'une des marches, telle qu'elle sort de la fonte. Fig. 4 et 5. Profil de la marche ; on voit le petit épaulement servant à porter le dessus de la marche, fig. 10. Fig. 6 à 8. Elévation, profil et dessus de la même marche ferrée : une lame de fer entoure les extrémités et le devant de la marche. Fig. 9. Coupe pour faire voir la ren-contre des tuyaux. Fig. 10 à 12. Plan et profil du dessus d'une des marches. Fig. 13 à 19. *Escalier du théâtre du Pa-lais-Royal*, par M. de Guerchy ; la serrurerie, par M. Albouy. Fig. 13. Profil du haut de l'escalier. Fig. 14. Profil d'un des planchers en fer ; il est placé dans la direction *g d,* et sert à porter l'extrémité des marches, comme on peut le voir en *b*. Fig. 15, qui représente le profil des marches. Fig. 16. Tête des marches. Fig. 17. Dessous des marches. Fig. 18. Dessus des marches. Fig. 19. Devant des marches.

Planche 58.
LUTRINS ET PUPITRES.

Figure 1. Lutrin en cuivre, fondu à Orléans, en ...., et donné par Louis XIII à l'église Notre-Dame de Poitiers. Fig. 2. Lutrin en fer et les ornemens en fonte de fer, exé-cuté en 1830 pour l'église de Saint-Gervais et Saint-Protais.

Fig. 3. Profil. Fig. 4. Croisillon qui réunit le sommet des quatre montans formant le pied. Fig. 5. Lutrin exécuté en 1830 pour l'église de Saint-Germain-en-Laye. Fig. 6. Devant et côté d'un des pupitres placés à l'entrée du chœur de l'église de Saint-Gervais et Saint-Protais.

PLANCHE 59.

VARIÉTÉS APPORTÉES DANS LA FORME DES VASES.

Cette planche offre la réunion de vases exécutés à des époques très-éloignées, et chez des peuples différens. Les modèles que nous ont laissés les anciens, surtout les Grecs et les Romains, sont généralement imités; on ne saurait trop les étudier, quand on veut composer ce genre d'ornement si multiplié dans la décoration.

FIGURES 1 à 7 Vase, coupe et urne extraits de l'Egypte ancienne. Fig. 8 et 9. *Idem*, des Egyptiens modernes. Fig. 10 à 15. Vases et urne des anciens Grecs. Le vase, fig. 11, est en terre ; les autres sont en marbre. (Les vases romains sont sur la planche suivante.) Fig. 16 à 21. Vases gaulois et romains (époque du Bas-Empire), lorsque ces peuples occupaient le Poitou. Le n° 18 seul est en marbre, les autres sont en terre cuite. Ils sont extraits des *Monumens du Poitou* que j'ai publiés en 1823. Fig. 22. Style et caractère des ornemens moresques. Fig. 22 et 24. Style et caractère des vases sous le règne de Louis XIV, Fig. 25 à 27. Style et caractère des

vases et coupes sous le règne de Louis XV. Les figures 28 à 33 sont des vases qui caractérisent le goût du dix-neuvième siècle. Presque tous ces vases sont ornés de peintures ou de sculpture, et souvent des deux à la fois. Les figures 34 et suivantes offrent une grande variété de formes. Dans les vases en porcelaine, l'or et la couleur couvrent toute la paroi. Les ornemens en cuivre doré, le bronze et la fonte de fer servent à les multiplier.

PLANCHE 60.

SUITE DES VASES.

Vases romains en marbre, du Musée des Antiques, au Louvre. Les gables de ces vases sont les plus multipliés. On forme le contour des vases à la main, et le goût seul la dirige. Mais les courbures les plus agréables sont déterminées par des principes géométriques : le vase Médicis, par exemple, est formé par une courbe *elliptique*, dont la longueur des axes ab, cd, fig. 6, peut varier à l'infini. La fig. 11 donne l'application d'une ligne courbe nommée *hyperbole*. La fig. 12, l'application d'une courbe *parabolique*. La fig. 13 est formée par le développement du cercle. Il en est de même pour la fig. 14. La fig. 15 est tracée au moyen d'abscisses et ordonnées. La fig. 16 est une courbe que l'on obtient par des lignes droites. Les fig. 7 à 9 représentent des vases dont les contours sont déterminés par des arcs de cercle.

ONZIÈME CAHIER.

PLANCHE 61.

CANDELABRES ET BORNES.

La fig. 1 est un des premiers candelabres exécutés en fonte de fer. Il est destiné à l'usage de becs alimentés par l'huile ; les autres modèles, 2 à 10, le sont à l'usage du gaz. Ils sont montés sur des bornes, et percés dans toute la hauteur pour laisser passer les tuyaux du gaz. Fig. 2, candelabres, rue de l'Odéon et place Vendôme. Fig. 3. Rue de Rivoli. Fig. 4. A la fontaine Gaillon : la borne en fonte sert de fontaine. Fig. 5. Candelabre de l'escalier du bazar de l'Industrie. Fig. 6. Des Messageries, rue Notre-Dame-des-Victoires. Fig. 7. Du théâtre de l'Opéra-Comique. Fig. 8. Du Trésor de France, rue du Mont-Thabor. Fig. 9. Du jardin et des passages du Palais-Royal. Fig. 10. De la cour du Palais-Royal. Fig. 11. Candelabre en bronze doré, exécuté pour les niches du monument expiatoire. Fig. 12. Plan dudit candelabre. Fig. 13 à 17. Bornes en fonte de fer. Le n° 16 sert de base au candelabre 17. Fig. 18 à 24. Bornes pour être plaquées contre le tableau des portes cochères. On voit un grand nombre de ces modèles exécutés dans différens quartiers de Paris.

PLANCHE 62.

EMPLOI DE LA FONTE DE FER DANS DIVERSES CONSTRUCTIONS.

FIGURE 1 à 15. *Description d'un caisson métallique pour la construction des bassins, quais, docks, écluses de moulins, routes dans les marais, digues à la mer, fortifications, aqueducs, fondations, etc.* (1). Formation de caissons en fonte de fer de diverses figures. Ces caissons s'assemblent entre eux

au moyen de queues d'aronde pratiquées sur toutes les faces, à l'exception de celle du parement, et on les remplit en maçonnerie, après les avoir mis en place. Pour éviter la tendance au glissant qu'ont les différentes assises, M. Deeble indique l'emploi de caissons qui n'ont que la moitié de la hauteur des autres, avec lesquels on doit former alternativement la première assise inférieure. L'auteur annonce une très-grande économie dans l'emploi de ce système de construction, comparé avec celui de la maçonnerie en pierre de taille.

Le caisson métallique à queue d'aronde, considéré mathématiquement, est d'une telle force dans ses diverses formes, qu'on peut presque le regarder comme parfait, et l'on peut lui donner en tout temps, sans altérer son principe, tel poids qu'exige la circonstance où il est employé. Son mode d'assemblage est universel, que sa direction soit oblique, horizontale ou verticale. La dépense qu'il exige, comparée à celle de la pièce, doit varier suivant les localités ou le cours des prix. En général, elle peut être évaluée aux deux tiers, et présente quelquefois un bénéfice de quatre cinquièmes au moins. On va donner une variété des caissons à queue d'aronde qui peut s'étendre à l'infini.

FIG. 2. Elle est la forme la plus universelle qu'il soit possible de produire ; on peut la multiplier à l'infini et la considérer comme parfaite, puisqu'elle n'exige aucun changement de forme, dans ses faces latérales, pour compléter un ouvrage, ses extrémités pouvant être terminées d'une manière convenable en remplissant l'entaille de la queue d'aronde au moyen d'une demi-queue d'aronde portative, comme dans la fig. 4. Fig. 3 et 4. Queues d'arondes portatives. La première est employée dans le cas où deux caissons sont joints ensemble par deux rainures, comme dans la fig. 1. La forme demi-circulaire peut s'appliquer aux queues d'aronde extérieures de la forme universelle, fig. 2. Fig. 5. Combinaison de la

(1) Traduit de l'anglais de milord E. B. Deeble, par M. Gustave Heller ; ouvrage où sont plus longuement détaillés les avantages de ce mode de construction et l'économie que présente l'emploi des différens matériaux suivant les localités.

forme universelle, avec les autres formes auxquelles elle se trouve liée, et modifications qu'elle en reçoit. Fig. 6 et 7. Elles représentent la méthode proposée pour accroître la force de résistance au moyen des bras inclinés. Le caisson qui se trouve à l'embranchement sert de clef et fait voir la manière de lier les diagonales de la muraille principale. Fig. 7 *bis* et 8. Application des formes circulaires ajustées aux constructions en ligne droite. Fig. 9 à 11. Application de divers caissons de forme triangulaire, joints ensemble. On a indiqué une queue d'aronde à l'angle *a b*, fig. 11, ainsi qu'à l'angle vertical; on peut y adapter une autre forme quelconque. Mais, lorsque la queue d'aronde est tournée du côté de la mer, elle doit être formée de manière à présenter des angles obtus, comme l'indique la fig. *a b*. Fig. 12. Application des caissons hexagones assemblés; on peut supprimer les rainures et l'angle extérieur, en plaçant dans les angles intermédiaires, tel que celui indiqué par la lettre *a*, une figure triangulaire. Fig. 13 et 14. *Plan et élévation d'une jetée avec un bastion circulaire à son extrémité.* La ligne ponctuée *a b c* fait voir la limite du talus. Les contre-forts sont placés à des distances convenables pour assurer une grande stabilité; les rainures laissées dans l'intérieur des faces donnent la facilité d'ajouter des contreforts partout où il sera nécessaire. La fig. 15 offre trois moyens différens pour laisser des jours dans les faces latérales des caissons destinés à des travaux légers, afin d'en diminuer le poids. On a fait une machine appelée *élingue* destinée à élever ou abaisser les caissons.

Fig. 16 à 24. *Emploi de la fonte de fer comme décoration dans les monumens.* La fig. 16 est un tombeau exécuté au cimetière du Père-Lachaise, ainsi que le monument funèbre fig. 21. La fig. 22 en offre le détail. Fig. 18. Trépied et vases du même cimetière. La proportion des vases augmente de deux en deux pouces de hauteur. Fig. 17. Coupe d'une fontaine située à la pointe Saint-Eustache. Fig. 23 et 24. Cuvette et conduits d'eau exécutés au Grenier à sel, boulevard Saint-Antoine.

Planche 63.

Figures 1 à 4. Motifs de cintres pour des portes cochères, exécutés fig. 1, rue de Seine; fig. 2, rue Pigale; fig. 3, rue Notre-Dame-de-Nazareth; fig. 4, boulevard Saint-Denis.

Fig. 5 à 9, différens motifs de panneaux pour des portes cochères faites dans diverses rues de Paris. Ils ne sont donnés que par moitié. Les cotes font connaître leurs dimensions et les applications que l'on peut en faire. Fig. 10 à 12. Fontaines plaquées contre des murs. Fig. 10. Celle de la Cité-Bergère. Fig. 11 et 12. Fontaines élevées par la ville de Paris. Fig. 13 et 17. Bornes et candelabres dans la cour du ministère des finances. (*Voir* fig. 1, pl. 43.) Fig. 14. Bras avec globe pour le gaz, au passage du Saumon. Fig. 15. *Idem* à la galerie du Palais-Royal. Fig. 16. Candelabres du café Gaulois, boulevard Poissonnière.

Planche 64.

Figures 1 à 15. Balcons fondus, répétés dans différens quartiers. Fig. 16 à 21. Décrottoirs: ceux des fig. 16 et 19 sont destinés à être scellés aux portes extérieures; les autres sont mobiles. Il en est de même des grillages, fig. 21 à 25. Fig. 26 et 27. Cloche en fonte. Fig. 28. Profil des rayons. Fig. 29. Châssis en fonte de fer pour des couches. Fig. 30. Profil des châssis.

Planche. 65.

ORNEMENS EN FONTE DE FER, EXTRAITS DE LA FONDERIE DE M. DUCEL FILS, MAITRE DE FORGE (1).

Figure 1. Moitié d'un balcon. Fig. 2. Moitié d'un panneau pour balcon, ou pilastre pour grand balcon et panneau de porte. Fig. 3. Croix dont le dessin est le même des deux côtés. Fig. 4. Coupe pour faire voir les épaisseurs. Fig. 5 et 6. Bancs et chaises dans le style gothique. Fig. 7. Cintre pour portes cochères. On en trouve de tout montés et de dessins très-variés.

Planche 66.

DÉTAILS EN FONTE.

Porte en fonte de fer pour un tombeau, par M. Tavernier, architecte.

Figures 1 et 2. Tuile en fonte de fer. Elle couvre les petits pavillons placés à l'entrée de la barrière Rochechouart, chacune a de longueur 5 pieds 6 pouces sur 3 pieds 3 pouces. Fig. 3 à 5. Auvents porte-affiches posés sur les murs de Paris, et se fermant tous les soirs. *a b* volet fermé; *c d* volet ouvert; *e f*, *g h* plan des volets. Fig. 4 et 5. Fermeture des volets.

DOUZIÈME CAHIER.

Planche 67.
RÉUNION D'OBJETS FONDUS, D'UNE APPLICATION VARIÉE.

Figure 1. *Panneau pour grilles d'appui, et dont on fait usage pour entourer les monumens funèbres* (par M. Plantard, de la fonderie de M. Ducel.) Autre panneau de 22 pouces de côté *a b*. Le milieu peut recevoir un chiffre ou tout autre sujet. On peut augmenter sa dimension par des ornemens ou un châssis, comme on le voit en *c d*. Fig. 3 à 6. Ornemens pour remplir des panneaux. Le n° 6 s'ajuste dans des cintres et forme des rayons. Ces ornemens, excepté le n° 4, sont tous sculptés des deux côtés. Fig. 8 à 10. Balustre pour rampes d'escalier. Fig. 11. Pied de table avec console. Fig. 12 et 13. Balustres. Fig. 14. Couronnement de pilastres. Fig. 15 et 16. Lances pontées pour grilles. La fig. 16 donne le plan et l'élévation de ces lances réunies en un faisceau qu'on place aux angles ou au milieu des grilles. Cette nouvelle disposition dispense de fon-

dre un couronnement d'une seule pièce, et l'isolement des piques permet de former le faisceau de la grosseur que l'on veut. On oblique le fer des lances à volonté selon que l'on veut garnir, plus ou moins, le sommet du faisceau. Fig. 17 et 18. Poignée et patère. Fig. 19. Croissant de cheminée. Fig. 20. Support isolé. Fig. 21 et 22. Vase et urne avec couvercle. Fig. 23. Candelabre avec bras. Fig 24 à 27. Cheminées à l'usage du charbon de terre, (fonderie de M. Ducel). Fig. 28 et 27. Bûches en fonte, pour renvoyer la chaleur.

Planche 68.

Figure 1 à 13. *Mécanisme propre à empêcher le refoulement de la fumée dans les appartemens.* (Par M. Cannes et Lanas père. Brevet d'invention 1805). On sait que la fumée,

(1) On trouve dans ses magasins un assortiment d'objets en fonte de fer de première et de seconde fusion; ce qui lui permet de les mettre dans le commerce au plus bas prix.

d'après sa légèreté spécifique, tend toujours à s'élever ; que cette propriété, jointe à la force ascensionnelle de l'air atmosphérique contenu dans une cheminée, que raréfie sans cesse la chaleur du foyer, établit un courant de bas en haut, surtout dans les cheminées élevées et bien proportionnées aux appartemens, capable de vaincre le refoulement du vent extérieur, dont la direction est toujours un peu plongeante. Mais si les cheminées ont peu de hauteur, et surtout si elles se trouvent dominées par des murs ou des bâtimens voisins qui font ordinairement tourbillonner et plonger le vent extérieur, alors la fumée n'a plus assez de force pour vaincre cette résistance ; elle est refoulée sur elle-même dans l'intérieur de l'appartement, qu'elle envahit, et dont on ne peut se débarrasser qu'en éteignant le feu. C'est à remédier à cet inconvénient que le mécanisme suivant est destiné.

Ce mécanisme, qu'on place sur le haut des cheminées qu'on veut empêcher de fumer, consiste en un tuyau de tôle, un peu recourbé, d'un diamètre tel que sa coupe soit équivalente à celle du tuyau de cheminée, tournant sur lui-même autour de son axe vertical, et prenant, à l'aide d'une girouette, la position la plus favorable à l'évasion de la fumée, c'est-à-dire que l'ouverture par où elle s'échappe, est toujours dirigée à l'opposé du vent. Les tuyaux de cheminée étant ordinairement de forme rectangulaire, on commence par en ramener le haut à la forme ronde de même capacité. A cet effet, on suppose une surface engendrée par une ligne légèrement inclinée, qui se meut sans cesse de toucher le côté intérieur de la cheminée et la base circulaire du tuyau de tôle. La fumée montant avec une vitesse due à sa légèreté spécifique arrive dans ce tuyau sans la moindre difficulté. Rencontrant ensuite la surface concave du tuyau recourbé, elle se trouve naturellement dirigée vers l'ouverture qu'elle gagne sans obstacle, puisque cette ouverture est à l'abri du vent.

Fig. 1 et 2. Projections verticale et horizontale pour le cas de deux cheminées adossées contre un mur plus élevé qu'elles.

Fig. 3 à 5. Projection pour le cas de quatre tuyaux de cheminées réunis et adossés contre un mur qui ne les domine pas.

Fig. 6 et 7. Disposition des fermes qui consolident, et sur lesquelles pivote le mécanisme des cheminées précédentes.

Fig. 8 et 9. Projection verticale du mécanisme, vu de face et de côté. Le sommet est terminé par un cylindre dont l'assemblage forme le tuyau recourbé et évasé. Les fig. 10 à 13 donnent le développement des feuilles de tôle qui forment les courbures du cylindre.

Fig. 14 et 15. *Autre appareil, par M. Bertrand.* Il est composé d'une caisse carrée *a* en ferblanc d'environ 18° de hauteur sur 9 de large, sur chacune des faces est pratiquée une ouverture *b* d'un pied de hauteur sur 5 pouces de largeur, recouverte par une plaque *c* de même dimension ; elle est fixée à sa partie supérieure par deux charnières *d*. Deux traverses *e e*, en fer, servent à maintenir ces plaques dans leur écartement, de sorte que si le vent vient à souffler sur l'une de ces plaques, et la force de boucher son ouverture, celle qui lui est opposée est entièrement ouverte, dans ce cas, la distance de l'extrémité inférieure de la plaque ouverte à la caisse, doit être de 5°.

A chacun des angles arrondis, comme on le voit fig. 15, est fixé un plan incliné en ferblanc *f*, destiné à changer la direction du vent, pour l'empêcher d'entrer dans les ouvertures *b*.

La partie de la caisse qui est à jour, est fixée sur la cheminée, à l'endroit de l'ouverture ; l'extrémité supérieure est recouverte par une plaque *g*, percée d'un tuyau cylindrique *h*, d'environ 6° de diamètre, qui reçoit un bout de tuyau *i*, de même diamètre, et de 3° de haut. A cette même plaque sont fixées deux fortes barres de fer *k*, ajustées à angles droits et percées au centre d'un trou servant à recevoir une tringle de fer *l*, fig. 14, taraudée à ses deux extrémités. Une rondelle en cuivre *m* est enfilée dans cette tringle et fixée vers le milieu de sa longueur. Un tube *n* en ferblanc, une barre de fer *o*, percée d'un trou pour enfiler la tringle *l*, de manière que la barre de fer *o* vienne reposer sur la rondelle *m*, avant que l'extrémité inférieure du tube ne vienne s'appuyer sur la caisse, comme on le voit fig. 15. A ce tube est fixée une girouette *p*. On conçoit qu'au moyen de ce mécanisme, placé au sommet d'une cheminée, la fumée sort toujours du côté opposé au vent.

Fig. 16 et 17. *Mitre non exécutée.* J'ai composé cet appareil après avoir vu les moyens donnés ci-dessus ; je les ai trouvés compliqués, et je crois que le procédé que je propose doit remplir le même but ; il est moins volumineux et plus simple dans son exécution. Il consiste à disposer sur deux cercles de fer, espacés de 9 à 10° l'un de l'autre, six ou huit feuilles de tôle ployées de manière à former des angles obtus, et de les disposer moitié en dedans, moitié en dehors, comme on le voit dans les deux projections horizontales ; leur disposition fait voir que le vent peut changer de direction, frapper sur la mitre sans rencontrer la fumée qui sort par les ouvertures opposées à la direction du vent.

Depuis que la planche a été gravée, j'ai eu connaissance d'une autre mitre par M. Millet. Cet appareil est très-simple : il consiste en une espèce de boisseau percé d'un grand nombre de trous, comme ceux d'une rape et dont les bavures sont en dehors. Il est exécuté sur le bord de la Seine, auprès du Louvre, au petit bâtiment qui sert pour rappeler à la vie les personnes noyées. On en trouve la description et le détail des expériences qui ont été faites en 1828, dans le Bulletin de la Société d'Encouragement de la même année.

Fig. 18. *Élévation et coupe d'un appareil nommé* chenets caloriféres, par M. Delaroche fils, rue du Bac, n° 38. Cet appareil a l'avantage de chauffer deux pièces avec la même quantité de combustible que l'on brûle dans une cheminée ordinaire ; on supprime la ventouse d'air frais en renouvelant l'air de l'appartement par des bouches fournissant chacune un grand nombre de degrés de chaleur.

Fig. 19. Vue de côté de la même.

Fig. 20 à 25. *Cheminée dite* du nord, *propre à brûler de la houille et de la tourbe* (1). Cette cheminée est en fer fondu ; elle est exhaussée par une base de 4 à 5° ; la fumée est forcée de monter et de descendre entre deux plaques jusques dans cette base, d'où l'on peut lui procurer son cours en dessous, aussi loin qu'il convient de le faire, soit pour donner plus de chaleur, soit pour pouvoir placer la cheminée à volonté dans la pièce, comme meuble, attendu qu'elle n'a aucune apparence d'issue pour le passage de la fumée ; une petite porte, placée sur l'un des côtés où passe la fumée, sert à nettoyer la

(1) Par M. Henault qui pris un brevet d'invention de cinq ans en avril 1809.

cheminée sans qu'on soit obligé de la démonter. Une plaque à coulisse, placée sur le devant et pouvant se baisser ou se hausser à volonté par le moyen d'un bouton avec crochet situé de chaque côté, sert à donner plus ou moins d'activité au feu.

Un réservoir est disposé dans le bas pour y recevoir les cendres et tout ce qui tombe des grils; ce qui empêche la poussière de communiquer avec l'appartement.

FIG. 20. Cheminée vue de face. *a*, tiroir servant de cendrier.

FIG. 21. Coupe latérale. *b*, porte pour nettoyer la cheminée; on peut l'ôter facilement (*voir* fig. 4.); *d*, cendrier; *c*, conduit de la fumée; *d*, deux grils qui se placent l'un au-dessus de l'autre pour empêcher le charbon de tomber.

FIG. 22 et 23. Plan suivant X X et Y Y des fig. 20 et 21.

FIG. 24. Porte représentée par *b*, fig. 2.

FIG. 25. Les deux boutons à crochets qui s'attachent à la plaque mobile pour la descendre.

FIG. 26 à 29. *Tuyaux de fonte de fer et autres.* A l'époque où je publie cette planche, je ne connais pas d'autres tuyaux que ceux que j'ai gravés sur cette planche. La Société d'Encouragement a proposé des prix pour l'amélioration des tuyaux, savoir (pour le premier juillet 1832) : un prix de 2,000 fr. pour celui qui présentera les meilleurs tuyaux et qui fera connaître le meilleur enduit possible à prévenir l'oxidation de ce métal, à celui qui présentera des tuyaux de fonte de première fusion ou de moindre épaisseur aura mérité le prix; un prix de 4,000 fr. pour des tuyaux en fer laminé; un prix de 3,000 fr. pour la fabrication des tuyaux en bois; un prix de 2,000 fr. pour des tuyaux en pierre, de quelque nature qu'ils soient; enfin, un prix de 2,500 fr. pour des tuyaux de pierre artificielle. Tous les tuyaux doivent avoir 0,33 de diamètre intérieur et 2 mètres de longueur.

RENSEIGNEMENS SUR LES DIVERSES ESPÈCES DE TUYAUX EMPLOYÉS POUR LA CONDUITE DES EAUX.

Tuyaux de bois naturel. Les tuyaux de cette espèce se forment de corps d'arbres percés de part en part. Les dimensions ordinaires, pour des tuyaux de chêne, d'aulne et d'orme, varient, pour la longueur, de 4 à 5 mètres, et pour le diamètre intérieur de 10 à 12 centimètres. Les prix peuvent s'élever, par mètre, dans la proportion suivante :

(1) Diamètres.	Prix.
0,10	9 fr.
0,14	10
0,16	12
0,20	13

Un tuyau de 0,27 coûterait 24 fr.; pour les diamètres au-dessus de 0,20, il faut un prix particulier à cause de la rareté des bois convenables. Un tuyau de 8 mètres de longueur sur 0,27 de diamètre, en deux morceaux, a coûté, fretté, calfaté et posé, 30 fr. le mètre (2).

Il y a plusieurs méthodes d'assembler les tuyaux de bois. Celui que je présente, fig. 26, se fait au moyen d'une virole en fer *b*, et représentée en grand, fig. 27 et 28, que l'on introduit dans les tuyaux *a* et *b*, fig. 26.

(1) Ces prix sont ceux de M. Vacogne, fondeur, fontainier et pompier, rue de l'Arcade, n. 25, à Paris. Ils ne peuvent être étrangers à cet ouvrage; ils font connaître les avantages que l'on peut retirer de l'emploi des divers matériaux.

(2) M. Calabot, rue Blanche, n. 25, à Paris.

FIG. 29 à 31. *Tuyau en fonte de fer employé pour la conduite des eaux de Chaillot.* Il porte, d'un bout, une bride percée de sept trous, et de l'autre un renfort terminé en biseau : sa longueur est de 2 mètres 76, et le poids de 530 à 540 kil. La fig. 32 est à emboîture d'un bout et à bride de l'autre; sa longueur est de 2 mètres 60; le poids moyen, le même que celui fig. 30. L'épaisseur de la fonte est 0,217, et le prix du fer est de 0 fr. 40. L'assemblage à emboîtement a l'avantage de permettre le jeu de la dilatation et de la contraction, sans qu'il en résulte des ruptures comme dans les assemblages à bride. On réunit les joints à brides par des boulons à tête et à écrou; on place entre les joints une plaque en plomb, mise elle-même entre deux flanelles ou entre deux cuirs, comme cela se pratique à Paris. On peut, au besoin, employer avantageusement le feutre goudronné, confectionné par M. Dobrée de Nantes. Une feuille de 0,82 sur 0,50, et 0,0035 d'épaisseur, coûte 1 fr. 50. On en trouve chez M. Roque, boulevard des Capucines, n° 11.

Ces tuyaux sont remplacés par le système à emboîtement, fig. 33 et 34. La profondeur de l'emboîtement varie entre 9 à 16 centimètres, depuis les plus grandes dimensions jusqu'aux plus petites. Dans la fig. 24, l'emboîtement est sensiblement conique; on place dans le fond une petite rondelle de cuivre ou de feutre pour parer au défaut de la dilatation; l'emboîtement a 9 centimètres de profondeur. L'intervalle entre les tuyaux mâles et les tuyaux femelles est rempli moitié en cuir goudronné maté avec soin, moitié en plomb coulé et également matté.

FIG. 25 et 26. M. Moulfarine a inventé un assemblage pour les tuyaux de fonte à bride, pour remédier à l'inconvénient des trous percés dans les brides et destinés à recevoir les boulons. Il les remplace par une bague creusée de manière à recevoir les deux brides; elle est représentée en coupes longitudinale et tranversale. Cette bague est en deux parties demi-circulaires *k l*, portant chacune deux oreilles *m m* percées d'un trou, pour placer une vis *n*; en rapprochant les deux brides *o o*, qui se terminent en biseau, on obtient un joint solide et facile à faire.

FIG. 37. Tuyau compensateur, dont le modèle a été donné par M. Girard.

FIG. 38. Tuyau pour la conduite des eaux de Saint-Louis.

FIG. 39. Tuyau pour la conduite des eaux de Marly.

DEVIS DU PRIX DE CENT MÈTRES DE LONGUEUR DE TUYAU DE FONTE DE FER DE DIX CENTIMÈTRES DE DIAMÈTRE INTÉRIEUR. CE MODÈLE EST FIG. 34.

3,000 kil. de fonte de fer à 40 cent.	1,200	00
Transport et bardage.	12	00
Essai des tuyaux.	10	60
Terrassement, 50 à 60 centimètres.	30	00
8 kil. 80 centigr. de chanvre goudronné à 1 fr.	8	80
90 kil. 48 centigr. de plomb fondu à 1 fr.	90	48
Façon, épreuves pour la mise en charge, responsabilité, etc.	10	60
Regard, prises d'eau, robinets.	48	00
Épuisement, 1 vingtième.	70	40
Total.	1,480	88
Faux frais, 1 vingtième.	74	04
Bénéfices, 1 dixième.	148	08
Montant total pour 100 mètres.	1,703	00

PRIX POUR UN MÈTRE COURANT DE CONDUITE.

En fonte de fer. 17 30
En bois. 6 39
En poterie. 19 29

PLANCHE 69.

FIG. 1 à 10. *Appareil de chauffage* par la vapeur, employé au palais de la Bourse de Paris. Cet appareil est composé d'une série de tuyaux distribués dans les étages de l'édifice. On a employé ce mode pour chauffer l'Académie de musique, le théâtre de l'Opéra-Comique, le théâtre des Nouveautés. (On trouvera, dans le *Bulletin de la Société d'encouragement* de 1828, l'état de la consommation du combustible et frais d'entretien et de chauffage.) Fig. 1 à 3. Plan, coupe longitudinale et coupe transversale de l'angle de l'appareil principal le plus éloigné de la chaudière. *a a*, caisse d'angle. *b b*, triples conduits entre ces caisses. *c*, conduite amenant la vapeur de la chaudière à la caisse d'angle, qui en est la plus rapprochée. *d d*, rouleaux en fer, qui facilitent les mouvemens causés par la dilatation des tuyaux. *e e*, plaques en fonte, recouvrant les caisses d'angle et les canivaux; elles sont gauffrées pour éviter qu'on ne puisse glisser dessus. *f f*, ouvertures pratiquées de distance en distance dans le fond des canivaux, pour prendre l'air froid dans les caves. *g g*, conduits pratiqués à la partie supérieure des canivaux, et par lesquels l'air froid, après s'être échauffé dans les canivaux, se répand dans la grande salle. *h h*, grilles à compartimens à travers lesquels l'air échauffé s'échappe. *i*, tuyau d'émission de la fumée. Fig. 4 et 5. Caisse en fonte; elle forme l'extrémité de l'appareil principal, et de laquelle l'air, qui est contenu dans cet appareil, est expulsé lors du chauffage par un tuyau de plomb qui plonge dans la cave au-dessous. Fig. 6. Plan et élévation d'un récipient donnant dans l'un des bureaux des agens-de-change, au rez-de-chaussée; la colonne de fonte qui le surmonte, et le récipient au-dessus, dans les bureaux des transferts. *a*, petit tuyau de plomb pour la rentrée et la sortie de l'air. *b b*, portion du tuyau général, recevant le tuyau *a* avec pente vers ce dernier, pour l'écoulement des eaux. Fig. 7. Coupe des récipiens et tuyau représenté fig. 6. Fig. 9 et 10. Robinets placés au haut et au bas de chacun des récipiens du bureau des agens-de-change combinés de manière à pouvoir, à volonté, chauffer ensemble ou séparément ce récipient et celui au-dessus.

FIG. 11 à 14. *Calorifère* de M. Désarnod. Fig. 11. Plan de cet appareil. Fig. 12. Coupe suivant la ligne A B du plan. Fig. 13. Élévation du calorifère vu de face. *a*, socle dans lequel est renfermé le cendrier composé d'un tiroir en tôle. *c d*, cloche ou fourneau. *e*, collet qui entoure le sommet de la cloche. *f*, lanterne inférieure, recouverte par une calotte en portion sphérique. *g g*, tuyaux courts descendans au nombre de six. *b*, gargouille dans laquelle circule la chaleur fournie par ces tuyaux. *i*, pièce à trous pour recevoir les tuyaux. *l l*, tuyaux longs ascendans, au nombre de sept. *m*, lanterne supérieure, avec un faux fond et un chapeau. *o*, porte du foyer. *p*, gueule ou ouverture aboutissant à la porte du foyer. (Toutes ces pièces sont en fonte de fer; les autres sont en tôle.) *q*, tuyau à fumée, ajusté sur le chapeau de la lanterne supérieure. *r*, deux chemises ou enveloppes en toile, divisées en seize parties ou panneaux, réunies par des cercles de fer; elles sont établies sur des supports *o o* fixés à vis sur le socle. *s*, conducteur de l'air chaud entre les deux cheminées. *t*, cendrier établi sur deux coulisseaux de fer et portant deux poignées. Pour faciliter le ramonage, on a pratiqué dans le socle une porte avec son portillon; deux portes *v v* aux cheminées; un tampon double dans la gueule, avec sa poignée, deux portes, deux tampons qui n'ont pu être indiqués sur les figures.

FIG. 14. On nettoie les tuyaux et la gargouille au moyen de brosses d'une forme particulière, représentée fig. 14.

Lorsqu'on veut chauffer un rez-de-chaussée et les étages au-dessus, il faut préalablement construire un caveau souterrain de 9 à 10 p. en carré sur autant de profondeur, fermé par une porte à deux vantaux, laquelle est percée d'une ouverture qu'on peut augmenter ou diminuer à volonté. Un canal en maçonnerie est amené d'une distance de 12 à 15 p., et passe par dessus la porte; il débouche sous le cendrier, et fournit au calorifère l'air nécessaire pour alimenter le feu, sans que celui-ci puisse en tirer du caveau.

Fig. 15 à 16. Un des tuyaux pour chauffer le foyer de l'Académie royale de musique. On y voit le tuyau de plomb qui amène la vapeur dans un des tuyaux de fonte qui chauffe la salle ou foyer.

Fig. 17 à 19. *Cheminée économique à foyer mobile*, par M. John Cutler. Son foyer s'élève et se baisse à volonté, et maintient le combustible à la même hauteur; elle est entièrement en fonte de fer, et ressemble aux cheminées ordinaires à charbon de terre.

Fig. 17. Moitié du plan supérieur.

Fig. 18. Élévation de la cheminée vue de face.

Fig. 19. Coupe sur la hauteur.

Fig. 20 et 21. *Cheminée portative*, par M. Millet. L'auteur établit deux espèces de cheminées; l'une, entièrement en métal, représentée vue de face, fig. 20, et en coupe verticale, fig. 21. On peut poser et enlever avec la plus grande facilité. *f f*, trois plaques en métal; deux composent les côtés, et une troisième sert de contre-cœur; elles sont entourées d'un cadre en métal, réunies à onglet, et déterminent la largeur du foyer. *h h*, boîtes verticales à coulisses, dans lesquelles montent et descendent les plaques *i k*, placées l'une derrière l'autre en avant du foyer, et qu'on abaisse plus ou moins, pour régler la quantité d'air qui alimente la combustion. Le bois est placé en avant de ces plaques, et aussitôt qu'elles sont baissées de manière à ne laisser qu'une lame mince d'air, le tirage s'établit et le feu s'allume. En les relevant ensuite pour ralentir la combustion, on rétrécit l'ouverture supérieure *l* par où s'échappe la fumée; mais on ne peut jamais la fermer entièrement, toutefois, pour conserver la chaleur dans l'appartement, lorsque le bois est réduit en braise.

Le mouvement ascensionnel des plaques est facilité par un contre-poids *m* logé dans un renfoncement *n* de la boîte ou capote de fonte *o*, et suspendu à une chaîne *p*, qui, après avoir passé sur la poulie *q*, vient s'attacher, par un crochet, à un piton de la plaque *k*; celle-ci est munie à son bord inférieur d'une patte qu'on saisit avec la pincette. Le poids des plaques est tellement calculé, qu'il fait équilibre au contre-poids *m*, de manière qu'elles restent suspendues à toutes les hauteurs qu'on désire. Quand on lève la plaque *k*, son bord supérieur, venant à rencontrer le bord saillant *t* de la plaque *i*, entraîne celle-ci dans son mouvement ascensionnel.

La cheminée, proprement dite, est une capote en fonte *o*, qu'on transporte partout comme un meuble, et qui se place au fond de la cheminée de l'appartement.

PLANCHE 70.

GRILLE AÉRIENNE (1).

FIGURES 1 à 5. — Assemblage de tuyaux, ouverts aux extrémités, en fonte de fer ou en cuivre rouge, disposés les uns à côté des autres, à peu près comme les barreaux d'une grille de fourneau. Son objet est de chauffer des appartemens, des étuves, etc. par la chaleur de l'air qui entrave les tuyaux. Le passage et la circulation de l'air sont d'autant plus rapides, que la grille est plus échauffée, et que les orifices de chaque tuyau plongent dans un atmosphère plus froid.

On peut, par ce procédé, chauffer de vastes locaux, en multipliant les grilles aériennes et les canaux de chaleur, et porter cette chaleur en plusieurs endroits à la fois, même dans un lit, pour l'échauffer avec des tuyaux de cuir; sous des couches, dans des serres, etc. On peut, au lieu de grille aérienne, faire passer l'air par un four de poéle, ou par une calotte sphérique à double fond, ou par une caisse en métal : on peut recevoir l'air extérieur par plusieurs canaux, dont l'ouverture regarderait diverses expositions; mais, alors, chaque canal doit avoir une soupape, pour que le courant d'air ne se contrarie pas. Tous les canaux peuvent être cachés sous des planches, dans l'épaisseur d'une maçonnerie, courir en forme de plinthes, le long des murs, ou en forme de corniche, le long du plafond.

On peut placer plusieurs grilles les unes sur les autres, et mêler toutes sortes de matières combustibles.

Les grilles aériennes peuvent servir à renouveler l'air des vaisseaux, des puisards, et autres lieux profonds.

Pour restituer à l'air chaud l'humidité dont il peut avoir besoin, on le force à traverser des éponges mouillées, placées aux orifices des tuyaux de chaleur; on l'aromatise en le dirigeant sur des cassolettes contenant des substances odorantes. Enfin, ce système de chauffage est applicable dans une infinité de circonstances.

Fig. 3 et 4. *Elévation et plan d'une cheminée* dans le foyer de laquelle on a établi une grille aérienne, composée de six tuyaux en fer *a a*. B, canal aérien en maçonnerie, pratiqué à travers et dans l'épaisseur des murs de la chambre; *b*, registre placé à l'entrée du canal pour modérer l'affluence de l'air dans la grille; *c*, réservoirs d'air, froid et chaud, dans lesquels aboutissent, de part et d'autre, les tuyaux de la grille *a a*; *d*, tuyaux partant du réservoir d'air chaud *c*, et qui le distribuent dans les pièces voisines ou dans les étages supérieurs. On peut, à volonté, en modérer ou en suspendre l'effet, à l'aide des petites portes *d d*, placées à leurs entrées près le réservoir *c*.

Fig. 5. *Grille aérienne simple*, dont la partie *a b*, correspondant au foyer d'une cheminée, est en fer. Le côté *a a* peut être en terre cuite; *b b* est supposé un tuyau flexible de cuir, pour porter l'air chaud où l'on en a besoin.

Fig. 1 et 2. *Plan et coupe d'une étuve, et autres pièces chauffées par une grille aérienne. Bb*, poéle dans la voûte duquel est emboîtée une chaudière en fer, *a; g*, grille aérienne, fermée par le bout opposé à l'entrée de l'air atmosphérique, et portant, sur son milieu, une tige verticale *c*, qui se prolonge jusque vers la partie supérieure de la chaudière; *d*, calotte supérieure de la chaudière, sous laquelle se rassemblent les vapeurs de l'eau bouillante et l'air chaud de la grille aérienne *c*;

e, tube par lequel l'air dilaté, ainsi que la vapeur, se rendent dans l'étuve *c; f*, tube qui alimente continuellement la chaudière d'eau; *g*, vase dans lequel on peut faire chauffer à la vapeur, toutes sortes de substances; *h*, divers tuyaux de chaleur pour chauffer les pièces voisines; *i*, rigole pour l'évacuation des eaux condensées; *k*, ouverture pratiquée à la partie supérieure de l'étuve, qu'on ouvre ou qu'on ferme à volonté pour modérer la chaleur.

Fig. 6 et 7. *Coupe et plan d'un poéle pour chauffer les serres.* J'ai fait exécuter, par M. Ogée père, architecte, à Nantes, la bâche-serre du jardin des plantes de cette ville. Elle est chauffée par un poéle *d*, avec enveloppe en maçonnerie pour faciliter la circulation de l'air extérieur qui se trouve contenu entre les deux parois du poéle et de l'enveloppe de brique; *b*, ouverture pour laisser entrer l'air; on la ferme au moyen d'un tampon en tôle; *a*, porte du cendrier; *c c*, conducteur de l'air chaud; *f*, une des ouvertures servant à la sortie de l'air chaud; *e e*, tuyau de poéle : il parcourt la longueur de la serre, en passant dans un conduit en briques, qui l'enveloppe sans le toucher, comme on peut le voir fig. 6, dont la coupe est faite suivant X Y. A, bâche de la serre; E, porte d'entrée. Elle est enfoncée en terre de quatre pieds. B, sol du jardin. En avant du fourneau, une fosse sert à faciliter le service du chauffeur.

Fig. 8 à 14. *Poéle en fonte de fer et devanture de cheminée.* (Construction anglaise).

PLANCHE 71.

POÉLES FUMIVORES.

Procédés relatifs à l'art de brûler avec économie les combustibles solides; par M. Thilorier. (On en trouve les considérations générales dans les brevets d'invention, etc., t. 3.) Figure 1. *Coupe d'un poéle fumivore*, dans lequel on brûle du bois, de la houille ou de la tourbe, sans qu'il en résulte ni odeur, ni fumée visible. *A*, coupe du poéle en terre cuite, de forme cylindrique; il est couvert par le haut, et terminé, à sa partie inférieure, par un tronc de cône creux, *b*, en forme d'entonnoir; *c*, grille à larges barreaux, posée sur la base supérieure du tronc de cône; *d*, autre gril à barreaux serrés, placé à la base inférieure du tronc de cône; *e*, petite ouverture par où l'on fourgonne : on la bouche, soit avec de la terre, soit avec un peu de tôle; *a*, la base inférieure du tronc de cône, ajustée au tuyau *f*, dont le diamètre est le tiers de celui du corps du poéle; sa partie inférieure est fermée avec un bouchon *g* à recouvrement, pareil au couvercle d'une tabatière, qui sert en même temps de cendrier; il doit être assez élevé au-dessus du sol, pour qu'on puisse le mettre et l'ôter à volonté; *h*, tuyau ajusté dans le précédent et dans le tuyau vertical *i*, qui peut être considéré comme la cheminée du poéle, fermé, par le bas, avec un bouchon *k*, pareil à celui *g* du tuyau *f*. Pour allumer le poéle, on met de la braise sur la grille inférieure *d*, qu'on recouvre ensuite avec du charbon froid; on met en même temps, dans la bouche *k*, une feuille de papier légèrement chiffonnée, que l'on allume à l'instant qu'on met le bouchon, pour raréfier l'air qui est dans la cheminée, afin d'établir le courant nécessaire à la combustion : le charbon brûle à flamme renversée.

Fig. 2. *Deuxième poéle fumivore.* Ce poéle a la forme

8

d'un autel antique, supporté par un trépied. *a*, calotte en métal, dans laquelle on met la braise. La partie supérieure est garnie d'une grille à larges barreaux et le fond d'une grille serrée. *b*, four dans lequel circule la chaleur; *c*, tube de verre ou de métal, établissant communication de la calotte au four; *d*, cloison inclinée pour amener la cendre vers l'issue *e*; *f*, trou pratiqué dans la cloison pour le passage du courant d'air; *g*, tuyau de conduite pour le courant d'air établi sous le parquet et communiquant à la cheminée; *h*, trépied servant de support au poêle; *i*, porte ménagée dans le bas de la cheminée, et au moyen de laquelle on établit le courant en raréfiant l'air avec un peu de charbon allumé; *k*, couvercle du poêle, en forme de calotte, ayant une porte *l* au moyen de laquelle on règle le tirage ou l'activité du feu. Le tube *c*, qui établit la communication entre le foyer *a* et le four *b*, étant en verre, on voit circuler la flamme renversée.

Fig. 3. Elle représente un *appareil* qui s'ajuste dans l'intérieur des poêles ordinaires, pour éviter, aux personnes peu fortunées, la dépense d'un nouveau poêle. *a*, boîte en tôle où l'on met le bois qu'on veut carboniser; *b*, boîte au charbon, ou trémie; *c*, grille sur laquelle tombe le charbon à mesure qu'il se consume; *d*, porte du poêle; *e*, fourneau dans lequel on met le bois ou la braise pour allumer le poêle; *f*, passage par où circule la flamme autour de la boîte *a*; *g*, tuyau d'aspiration; *h*, gouttières remplies de sablon, pratiquées tout autour du poêle, pour recevoir les bords du couvercle *i*.

Le dessus *k* d'un poêle ordinaire étant enlevé, on ajuste, dans l'intérieur et à demeure, la boîte de tôle ou de fonte ci-dessus décrite, laquelle a la même forme que le poêle, et descend jusqu'à la porte du fourneau. Cette boîte est divisée en deux parties *a* et *b*, formées par une cloison parallèle à la porte du fourneau.

La partie *b*, placée du côté de la porte, est à jour par le bas, et terminée par une grille suspendue, qui se prolonge à un décimètre de distance environ sous la partie *a*. Cette portion de la boîte est une trémie qui fournit sans cesse un nouveau charbon à mesure que celui qui est tombé sur la grille se consume.

Le fourneau est construit de manière à ce que la flamme puisse circuler autour de la boîte *a*, avant qu'elle s'échappe par le tuyau d'aspiration *g*, qui est disposé comme celui du poêle précédent.

Fig. 4. L'auteur assure que son procédé est applicable à la presque totalité des usines à feu, et que la manière la plus simple et la moins dispendieuse, pour celles déjà dispendieuses, consiste à pratiquer sous le fourneau un four de même grandeur, séparé du premier par une cloison de fonte ou de brique mince. *a*, élévation d'une usine à feu; *b*, fourneau ordinaire; *c*, fourneau dans lequel on fait carboniser le combustible; *d*, porte du premier fourneau; *e*, porte du fourneau de carbonisation; *f*, cloison qui sépare les deux fourneaux, et que traverse la fumée qui se dégage du fourneau de carbonisation. Elle a, près de la porte de celui-ci, une couverture étroite qui règne d'un bout à l'autre de sa largeur. Ce nouveau fourneau ainsi disposé, on remplit de bois le four, dont la porte est placée au-dessus de celle de celui-là, et on y fait le feu à la manière ordinaire. La fumée, produite par le bois renfermé dans le four, épargne une grande partie du combustible, et l'on a le choix, ou de vendre le charbon qui, à

volume égal, est plus cher que le bois, ou de le brûler dans le fourneau lorsqu'il est à moitié carbonisé : ce qui produit momentanément une extrême chaleur.

Fig. 5. *Fourneau* que l'on appelle *cuisine portative*. Il est construit en briques, de deux parties séparées; l'une, fig. 5, qui se nomme *fourneau de combustion*, est composée de trois étages. L'étage supérieur *a* est terminé, à sa partie inférieure, par des barres de fer transversales, éloignées l'une de l'autre de deux ou trois centimètres, et sur lesquelles on place le bois. L'étage *b* du milieu, destiné à la braise, est terminé par une grille *e* très-serrée. Enfin, l'étage inférieur *c*, plus élevé que chacun des deux autres, est pour recevoir les cendres et la menue braise. Les deux premiers étages n'ont point de porte latérale; on peut cependant y ménager, pour le fourgon, de petites ouvertures *f*, semblables à celles des tuyaux de chaleur, et fermant de la même manière. On introduit le bois et le charbon par l'ouverture de l'étage supérieur, que l'on ferme hermétiquement avec le couvercle *g*. L'étage inférieur est ouvert latéralement, seulement des portes à coulisses *h* donnent la facilité de laisser une ouverture plus ou moins grande. Une ouverture *i* sert d'issue à la flamme ou à la vapeur qui résulte de la combustion.

Fig. 6. Cette deuxième partie est appelée *fourneau de cuisine*. Il consiste en une espace *k* pratiquée entre deux tables parallèles, construites en briques, et placées à la hauteur du cendrier, avec lequel il communique par une ouverture *l*, correspondant à l'ouverture *i* de la fig. 5.

La table supérieure est percée de plusieurs trous *m*, dont les dimensions dépendent de différens vases, et se ferment hermétiquement avec des plaques de tôle, que l'on recouvre de cendre. Ces trous servent à préparer les mets qui n'ont besoin que d'une chaleur douce. A l'égard des broches et des grilles, on les place en face de l'ouverture latérale du cendrier. Un rebord en saillie, placé du même côté, à la hauteur de l'étage de la braise, facilite l'aspiration des graisses vaporisées qui se consument dans le fourneau du combustible. La cheminée *n* est placée à l'extrémité du fourneau. On peut ménager un four au-dessous de la table inférieure *o*. Fig. 7. On peut convertir l'appareil, fig. 6, en un poêle très-agréable en substituant au fourneau de cuisine, un fourneau de circulation qui s'élève à la même hauteur que le fourneau de combustion. En tenant la porte ouverte, on a la flamme renversée et dont la chaleur sera lancée de haut en bas. Cette porte peut être placée à volonté à l'un des trois étages *a*, *b*, *c*. Ouverture *d* fermant à volonté. *e*, ouverture par où la flamme est aspirée. *f*, cloisons qui séparent les intervalles que parcourt la vapeur en passant par les quatre ouvertures *g*. *h*, tuyau de la cheminée.

Fig. 8. *Fourneau pour faire du charbon*. Dans l'intérieur, sont placés plusieurs fours horizontaux *a*, composés de deux plaques de fonte, distantes l'une de l'autre de 2 à 3 décim., et séparées les unes des autres à cette distance. C'est dans ces fours que l'on met le bois destiné à la carbonisation. Chaque four a sa cheminée particulière *b*, qui dégorge sa fumée dans un fourneau placé dans la partie la plus élevée, et dont la flamme, avant de s'échapper, est forcée de descendre et de parcourir tous les espaces vides pratiqués entre les fours.

Fig. 9. *Variété du poêle* fig. 3. Fig. 15. Simplification de la cheminée fumivore, en supprimant les deux grilles et la porte mobile.

Fig. 10. *Des poêles et chaudières* pour chauffer l'eau. Supposons deux cloisons *a*, qui portent la chaleur sur les parois en contact avec l'eau. Ces cloisons sont formées par deux tôles attachées sur un bâtis de fer composé de deux cercles *b*, de même diamètre que l'intérieur du cylindre, réunis par quatre tiges verticales *c*, qui les partagent en quatre arcs égaux. Ces quatre tiges dépassent de 5 centimètres le cercle inférieur, formant quatre pieds, et permettent à la flamme de pénétrer dans l'intérieur des cloisons en traversant la grille qui est supportée par le cercle inférieur. Chaque cloison est fermée à sa partie supérieure par un plafond *d*, auquel est adaptée une barre qui s'ajuste, à l'aide de deux autres barres, à un entonnoir *e*, suspendu à un décimètre au-dessus de l'ouverture du cylindre. L'entonnoir *e* est terminé par un tuyau *f* de 0ᵐ 50 de hauteur.

Fig. 11. *Cylindre à double fond*, destiné à servir de poêle et de fontaine bouillante dans l'intérieur d'un appartement. La chaleur se partage également en deux branches ou tuyaux *a* dans la double épaisseur, que l'on remplit d'eau.

Fig. 12. *Fourneau à flamme renversée* pour faire bouillir l'eau contenue dans un vase de cristal.

Fig. 13. *Poêle cylindrique*, propre à brûler toutes sortes de combustibles. Il est composé d'un creuset *a*, enveloppé de tôle ou de cuivre, maintenu à un décimètre du fond qui est en tôle.

Fig. 14. *Réchaud porté sur trois pieds*, sur lequel on peut faire bouillir de l'eau dans toute espèce de poterie, sans qu'elle se casse. Il est composé d'un cylindre de métal *a*, foncé dans sa partie supérieure et sans aucun jour. Dans ce cylindre, on introduit un cône renversé *b*, de même métal, dont le rebord s'appuie à plat sur le bord du cylindre, et qui descend à un demi-décimètre du fond.

Fig. 15. *Cheminée fumivore*, propre à brûler toute sorte de combustibles, et particulièrement la houille.

Fig. 16 à 20. *Construction des poêles, fours et cheminées*, d'après les procédés de M. Curandau, breveté en 1805. Pour tirer le meilleur parti possible de la chaleur produite par toute epèce de combustion, il faut faire agir le gaz résultant de la combustion sur le corps à réchauffer de bas en haut et de haut en bas, et latéralement à la fois. Nous allons donner des exemples des diverses modifications que peut éprouver chaque construction, en observant partout le même principe. La fig. 16 donne l'intérieur d'une cheminée, où le courant des gaz se divise en deux parties, pour parcourir ensuite et successivement, de haut en bas, *et vice versâ*, les divers conduits qui y sont pratiqués ; ce qui donne le temps au calorique de se répandre dans l'intérieur de l'appartement, avant qu'il arrive au tuyau extérieur. Fig. 17. Intérieur d'une cheminée construite pour chauffer de grands appartemens avec peu de bois. Fig. 18. Intérieur d'un poêle destiné à échauffer les appartemens avec une grande économie de bois. Fig. 19. Intérieur d'un poêle pour chauffer les appartemens et faire cuire des viandes ; à droite et à gauche sont de petites étuves pour conserver chauds les alimens. Fig. 20. intérieur d'un fourneau-poêle garni de sa chaudière ; son utilité est d'échauffer l'appartement où il est placé, de procurer autant d'eau chaude qu'on peut en avoir besoin, et de servir à faire cuire toute espèce de légumes, le tout en fort peu de temps et avec fort peu de bois.

Fig. 21 à 23. *Tuyau de poêle ou de cheminée* en métal (1).

(1) Les figures 21 à 29 sont de l'invention de MM. Henderson et Chabannes, qui ont obtenu un brevet d'invention en 1804;

Pour mettre à profit le plus possible la chaleur, on fait des tuyaux à plusieurs compartimens, que la fumée parcourt avant de s'échapper tout à fait. On leur donne la forme cylindrique ou carrée, comme l'indiquent les plans 21 et 23. La figure 22 représente la coupe verticale ; elle fait voir les divers compartimens. Pour avoir la facilité de les nettoyer les uns et les autres, on les couvre avec des fonds mobiles qu'on retire aisément.

Fig. 24 et 25. Coupe verticale et plan d'une *cheminée mobile sur elle-même autour d'un axe vertical*, qu'on peut arrêter sur une face quelconque, et qui peut être placée dans le milieu d'une chambre et avoir un ou plusieurs feux. *k*, foyer ; *l*, conduit de la fumée qui monte et ensuite descend sous le parquet.

Fig. 26 et 27. Coupe et plan d'une *cheminée mobile sur elle-même*, qu'on peut placer au milieu d'une chambre.

Fig. 28 et 29. Coupe verticale et plan d'une *cheminée pouvant servir à deux chambres contiguës*. *g*, foyer ; *k* et *i* plaques de fer qui montent et descendent dans les coulisses qui laissent voir ou masquent le feu à volonté. La première de ces plaques est supposée relevée, et la deuxième abattue.

PLANCHE 72.

FIGURES 1 à 4. *Cheminée mécanique et économique.* Explication. Fig. 1. Élévation vue de face. Fig. 2. Plan. Fig. 3. Coupe suivant la ligne X X du plan. Fig. 4. Coupe suivant la ligne Z Z de la fig. 2. *a*, Plaque du foyer. *b*, couvercle du foyer. *c*, Plaque du contre-cœur, derrière laquelle passe la fumée. *d*, Bouches de chaleur. *e*, Coffres de bouches de chaleur. *f*, Sortie des bouches de chaleur. *g*, Mur de briques renfermant les bouches de chaleur. *h*, Conduits de la fumée. *i k*, Issues de la fumée. *l*, Bascule qui, étant ouverte, procure la facilité de ramoner la cheminée sans rien dégrader ni à l'intérieur ni à l'extérieur, et qui, étant fermée, oblige la fumée de passer dans le conduit *h* et au-dessus du foyer. *m*, Manivelle de la bascule. *n*, Soupape représentée ouverte pour laisser passer la fumée, et qui peut être fermée lorsque le bois est converti en braise, afin de conserver la chaleur. *o*, Manivelle de la soupape. *p*, Fermeture représentée ouverte. *q*, Cylindre au moyen duquel la devanture se ferme à volonté. *r*, Manivelle du cylindre. *s*, Chaîne servant à soulever ou abaisser, par le moyen du cylindre, la devanture qui est tenue en équilibre par un contre-poids attaché à l'extrémité de la chaîne. *t*, Feuillures pour recevoir une galerie ou garde-cendres. *u*, Table de marbre formant corniche.

Lorsque la devanture est ouverte, le bois brûle lentement et la fumée, passant par les conduits, procure la chaleur d'un poêle, ce qui rend cette cheminée économique.

On voit que la fumée, passant derrière la plaque du contre-cœur, se divise en deux parties pour suivre les conduits *h* existant dans les jambages, remonter au-dessus du foyer et prendre son issue par-dessus la tablette en *j* ou par derrière, au-dessus de la bascule en *k*, suivant l'emplacement.

Par sa construction, cette cheminée procure autant de chaleur que l'on veut, suivant la rigueur de la saison ; de plus, elle peut ne donner, dans une saison modérée, que la chaleur d'une cheminée ordinaire. Elle est composée de vingt-une plaques de fonte y compris celle qui sert de bascule ainsi que celle qui forme la soupape.

La fermeture se baisse et se lève à volonté ; outre la propriété qu'elle a de diminuer la consommation du bois, elle est un moyen sûr pour éviter la fumée. (M. Mozzanino a obtenu un brevet d'invention de dix ans, à partir du 12 juin 1800.)

Fig. 5 à 7. *Cheminée économique, salubre et agréable*, par M. Harel. Elle a pour avantage de brûler à volonté à flamme verticale, à flamme horizontale, à flamme renversée ou à flamme dont la direction est à 45 degrés ou environ (1).

Voici la description de la cheminée. Fig. 5. Élévation vue de face, coupe suivant XX. Fig. 6. Élévation vue de côté, coupe suivant NN. Fig. 7. Plan suivant la ligne angulaire *r s t*, fig. 6. *a*, Foyer. *b*, Le mur incliné à 45 degrés derrière le foyer. *c*, Grand canal conducteur du calorique, par où s'échappe la fumée; il est muni d'une clef *d*, pareille à celle d'un poêle, que l'on ouvre ou ferme à volonté, au moyen de la tige à bouton *e*. *f*, Deux autres canaux remplissant les mêmes fonctions que le précédent, mais plus petits que celui-ci de moitié; ils sont aussi munis chacun d'une clef. *g*, Les murs latéraux en briques. *h*, Partie du mur où est logée la partie inférieure de l'un des deux canaux *f*. *i*, Tablette de la cheminée. *k*, Deux ouvertures par où l'on introduit l'air froid. *l*, Briques que l'on peut enlever à volonté, pour ôter la suie et la cendre. *m*, Deux plaques en forte tôle, ajustées à coulisses, servant à étouffer le feu. *n*, Plaque de marbre. *o*, Deux réservoirs où l'on amasse la chaleur pour la conduire ensuite où l'on veut.

Fig. 9, 10, 11 donnant le plan, la coupe et l'élévation d'une cheminée économique et préservatrice de la fumée dans une cheminée ordinaire. Les deux côtés intérieurs *a*, les plaques horizontale et verticale *b* et *c* sont en fonte. La plaque mobile *c* est maintenue par derrière, dans son écartement, par deux arcs-boutans en fer *d*, faisant charnière en *e*; ces arcs-boutans sont fixés au mur *f* de la cheminée et de la plaque *c*, s'inclinant plus ou moins en avant, au moyen des crémaillères *g*, que l'on voit sur les côtés de la plaque *b*. Les côtés extérieurs de la plaque de face *i* sont en tôle : on les fait aussi en cuivre. La petite plaque *j* est en tôle; elle est à charnière à la plaque *i*. Leur endroit de réunion présente un cylindre traversé dans toute sa longueur par une broche de fer.

La plaque *j* peut décrire l'axe ponctué fig. 11. Le frottement, dans la charnière, est assez fort pour que la plaque conserve la position qu'on lui donne. Lorsqu'elle est dans la position horizontale en avant de la cheminée, l'ouverture est la plus grande possible, et, quand elle se trouve dans la position qu'on lui voit dans la figure, toute communication du foyer avec le tuyau de la cheminée est interceptée, ce qui devient avantageux lorsque le feu prend dans la cheminée.

Toutes les parties de cette cheminée, à l'exception de la plaque verticale *c*, sont assemblées et tiennent ensemble de manière à former un tout, qu'on n'a besoin que de pousser pour l'enclaver dans une cheminée, où on introduit ensuite la plaque verticale *c*, dont on arrête la partie inférieure dans les crémaillères à l'endroit convenable. (*V*. la note pour l'usage (2).

Fig. 12 à 15. *Plan, coupe, et élévation* d'une cheminée

économique à réverbération, à soupape, à tuyau de chaleur, à double courant d'air et à l'abri de l'incendie, appelée *augustine*. *a*, Bûches de bois, occupant leur place dans le foyer. *b*, Cendrier, au travers duquel passe le tuyau de chaleur *c*. *d*, Massifs formant les deux côtés du cendrier. *e*, Les côtés obliques de la cheminée; ils sont formés de briques et de chaux, recouverts de plâtre. *f*, Plaque de réverbération. *g*, Autre plaque ouvrant et fermant à volonté, pour livrer passage à la fumée et intercepter la communication de l'air avec l'appartement, lorsqu'il n'y a pas de feu dans la cheminée. La fig. 15 montre la position de cette plaque lorsqu'elle est fermée, et quand elle est ouverte sous un angle de 45°. *h*, Olive de la tringle qui fait mouvoir la plaque à bascule *g*. *i*, Cinq bouches de chaleur, entretenues chaudes par la plaque de réverbération *f*, et répandant la chaleur dans l'appartement (3).

Fig. 16 à 22. *Cheminée économique* et à l'abri de la fumée, par M. Grassot.

Fig. 16. Plan du soubassement en forme de caisse à compartimens.

    17. Élévation de la cheminée, vue de face.

    19. Élévation, vue de côté.

    18. Coupe de l'élévation, vue de côté.

    20. Plan pris à la hauteur MM, fig. 18.

    21. Plan suivant NN, fig. 18.

    22. Plan de l'étage supérieur.

Toutes les pièces de cette cheminée sont en fonte et en tôle. Le feu étant allumé, la fumée s'élève le long de la plaque *a*, entre et circule dans une espèce de réservoir *b*, de là passe dans les tuyaux de chaleur par les ouvertures *c*, où elle descend, pour remonter ensuite dans les tuyaux *d*, qui la conduisent directement dans les tuyaux *e*. Un second moyen de propager la chaleur, consiste en ce qu'il existe, sous la plaque du foyer, une caisse à compartimens *g*, de deux centimètres de hauteur, et dont la surface est égale à celle de la base de la cheminée, dans laquelle l'air de la chambre est introduit par le trou *f*. Cet air s'échauffe dans la caisse *g*, où il circule entre deux cloisons, disposées comme on le voit fig. 16, jusqu'à ce qu'il soit parvenu en *h*, où il entre en même temps dans les tuyaux *i k*, placés derrière la plaque, qui l'introduisent, l'un dans le premier et l'autre dans le deuxième étage; là, il circule encore entre des cloisons disposées comme on le voit fig. 20 et 22; après quoi il arrive dans l'appartement par diverses bouches de chaleur.

La partie de cet air chaud, qui n'est pas entrée dans les tuyaux *i k*, a été conduite, dans l'appartement, par les chenets *l*, percés à cet effet, et formant bouches de chaleur. Le devant de cette cheminée est disposé de manière à pouvoir s'ouvrir plus ou moins à volonté. Elle peut servir de poêle en ôtant le tuyau *e* pour le remplacer par un tuyau de poêle.

---

(1) Pour ses nombreux avantages et ses diverses applications, *voir* Brevets d'invention, 27 septembre 1805.

(2) La plaque *c* s'enlève lorsqu'on veut nettoyer la cheminée. Le bois de derrière se place tout à fait en bas, dans l'espace compris entre les lignes ponctuées *k l*, et le feu avance jusqu'à la ligne ponctuée *m*. L'espace *n*, derrière le bois, jusqu'au fond de la cheminée peut être rempli par de la cendre; la plaque verticale *c* laisse, à partir d'une petite distance des deux côtés, entre elle et la plaque horizontale *b*, une ouverture, de quelques lignes de haut, servant au besoin de courant d'air, et qu'on peut, à volonté, remplir avec de la cendre.

Lorsqu'on a allumé le feu, une lame de fumée passe par la petite ouverture dont on vient de parler; mais, un peu plus tard, la fumée s'élève en avant de la plaque *c* et la suit pour entrer dans la cheminée. Le charbon de terre brûle très-bien dans ces espèces de cheminées, et ne répand aucune odeur. L'angle formé pour les côtés et le contre-cœur est de 135 degrés, angle favorable à la réflexion du calorique dans l'appartement.

(3) Dans cette cheminée, le bois peut être placé tout à fait en dehors de l'à-plomb du corps de la cheminée; la chaleur frappe sur la plaque de réverbération, tandis qu'un grand courant d'air établi sous le feu, au moyen du cendrier, entraîne la fumée pour la faire passer dans l'espace vide situé sous cette plaque, qui est isolée du corps de la cheminée par une cloison *l* qui se prolonge jusque sur les côtés de la cheminée; la partie du cendrier qui se trouve derrière le tuyau de chaleur *c* doit être toujours garnie de cendres; il doit même y en avoir une assez grande quantité pour que la bûche de derrière soit externe.

FIN.

FRONTISPICE

SERRURERIE
ET
FONTE DE FER
RÉCEMMENT EXÉCUTÉES.

APPLICATION AUX PLANCHERS ET COM-
BLES, AUX PONTS, ESCALIERS ET MACHI-
NES DIVERSES, &c.

ORNEMENS EN FONTE AJUSTÉS AUX
PORTES, DEVANTURES DE BOUTIQUE,
GRILLES, RAMPES D'ESCALIER, CANDE-
LABRES, CHEMINÉES, POÊLES, &c.

Dessiné et Gravé par THIOLLET.

A PARIS,
Chez Bance aîné, éditeur, rue St. Denis, No. 271.
1832.

TRÉSOR ROYAL

PRIX FIXE
Dessiné et Gravé par Thiollet

Portes du Monument expiatoire.
Fig. 1.
3.
4.
5.
2.
Dessiné et gravé par Thiollet.

Porte cochère, rue de Londres, N.° 18.
Détails du N.° 18.
Porte N.° 23 quai de la Cité.
Détails du N.° 23.
Dessiné et Gravé par Thiollet.
6 Pieds

Détails de la porte N°23 Pl.5.
Détails de la porte N°27.
Porte quai de la Cité, N°27
Dessiné et Gravé par Thiollet.
6 Pieds.

Dessiné et Gravé par Thiollet .
Passage Sainte-Marie, N°. 9, par Mr. Plantard .
Rue Neuve des Mathurins .

Fig. 1.
Divers Panneaux de porte, 3, 4, 5 et 6, rue neuve Bourg l'Abbé.
Rue Monsigny.
Dessiné et Gravé par Thiollet.
B.R
2.
3.
4.
5.
6.
7.
8.

Rue St Dominique.
Boulevard de la Reine, à Versailles.
INSTITU
Fig. 1.
Galerie de l'Opéra Comique.
Dessiné et gravé par Thiollet.

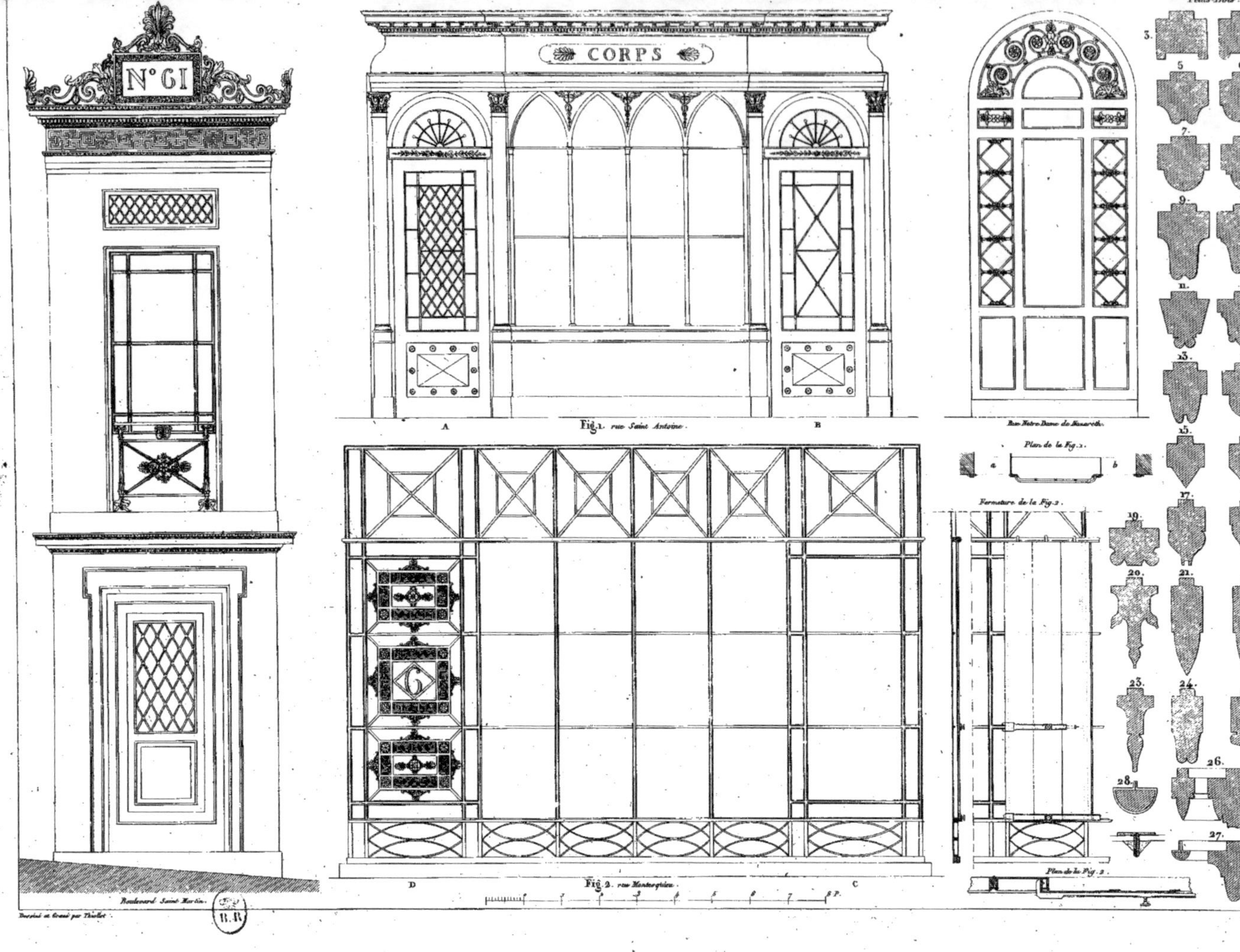
N° 61
CORPS
Fig.1 rue Saint Antoine.
A
B
Rue Notre-Dame de Nazareth.
Fig.2 rue Montorgueil.
D
C
Plan de la Fig.1.
Fermeture de la Fig.2.
Plan de la Fig.2.
Petits-Bois.
Boulevard Saint Martin.
Dessiné et Gravé par Thiollet.
B.R

BAINS.

2ème Cah.
Portes d'intérieur.
Pl. 22.
Porte en bois précieux: les ornemens en acier sont exécutés par Mr. Frichot.
Moulure en acier.
Moulure dorée.
Moulure en acier.
Face en bois de Ste Lucie.
Fig. 1.
2.
3.
4.
d'un Vestibule.
de l'escalier de la Bourse.
du cabinet de Mr. Piron.

Rue du Faubourg Poissonnière, N.º
Rue St Victor
Dessiné et Gravé par Thiébaut.

Fig. 1.
Rue de Savoie. N° 8.
de l'Église de Bercy.
2.
Rue Christine, N° 2.
Dessiné et Gravé par Thiollet.

Fig. 1.

Rue de Poitiers.
Rue de Varenne.
Rue d'Artois N.
Fig. 1.
2.
3.
4.
5.
6.
7.
Dessiné et Gravé par Thollet.

3.me Cah.
Boulevard du Temple.
Rue du Pont de Lodi.
Quai St Michel.
Rue des Moulins.
Fig. 3.
Dessiné et Gravé par Thollet.

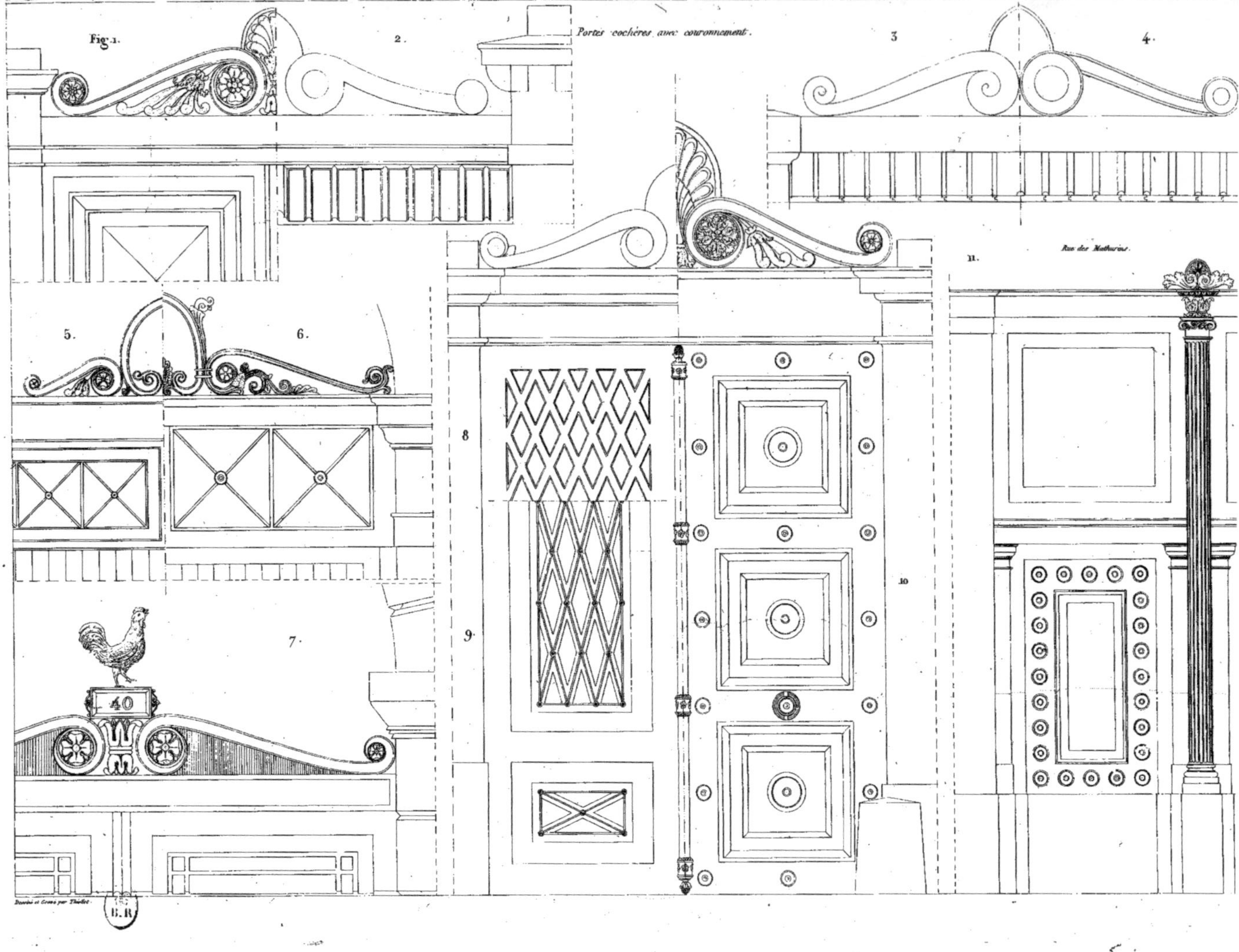

Fig. 1.
2
Portes cochères avec couronnement.
3
4
5
6
7
8
9
10
11
Rue des Mathurins.
40
Dessiné et Gravé par Thiollet.
B.R

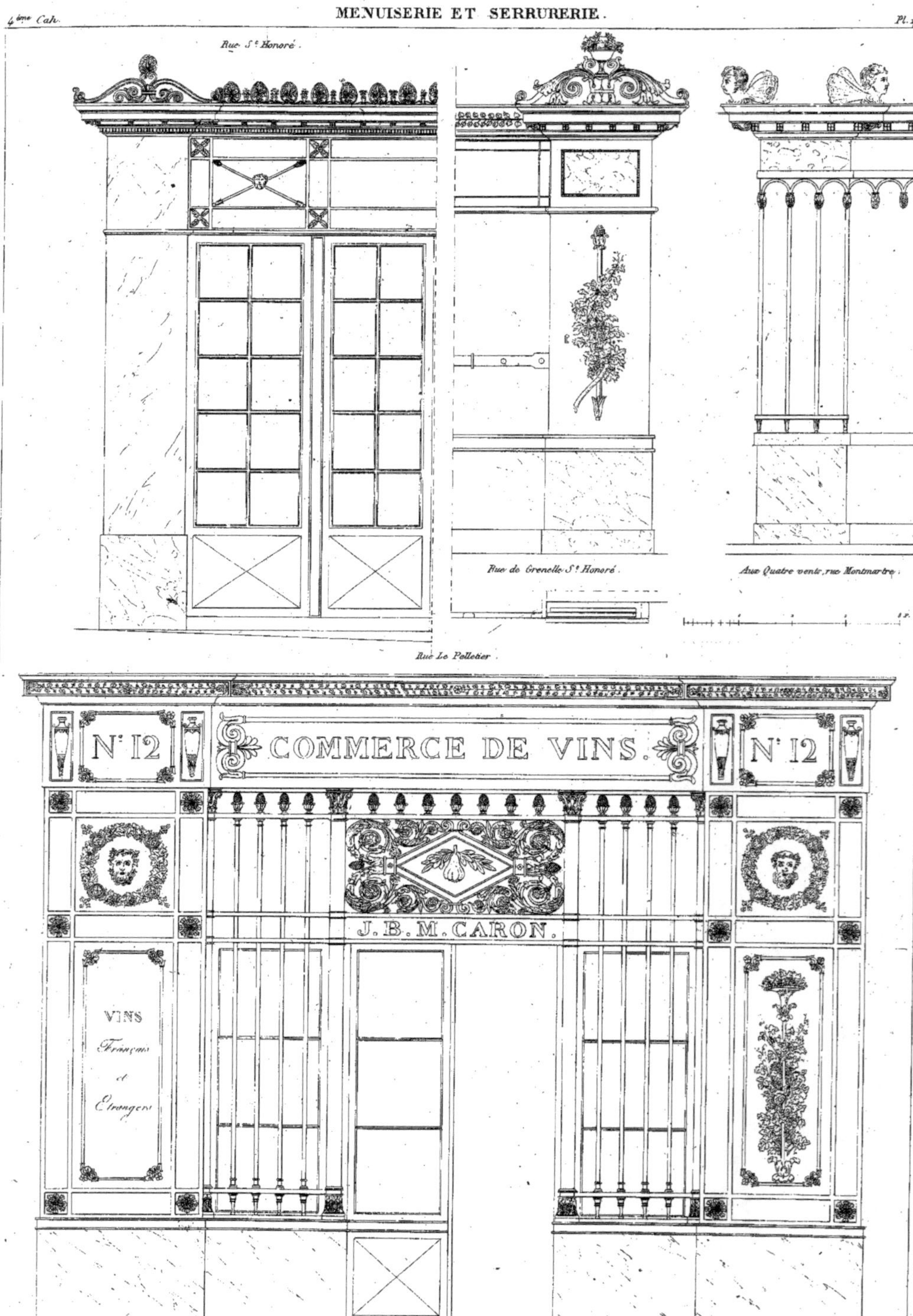
Rue St Honoré.
Rue de Grenelle St Honoré.
Aux Quatre vents, rue Montmartre.
Rue Le Pelletier.
N° 12
COMMERCE DE VINS.
N° 12
J. B. M. CARON.
VINS
Français
et
Étrangers

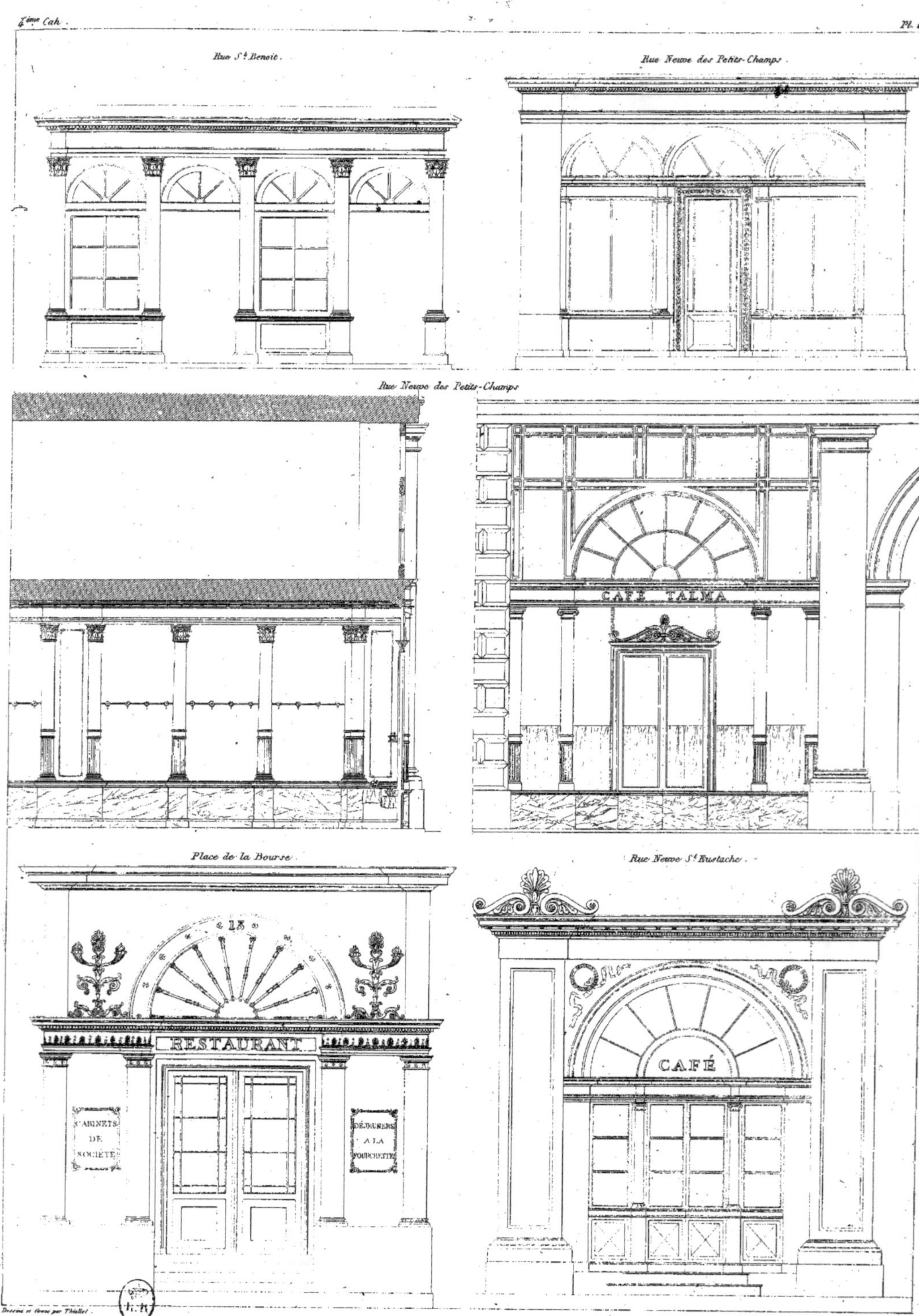
Rue St. Benoit.
Rue Neuve des Petits-Champs.
Rue Neuve des Petits-Champs.
CAFÉ TALMA
Place de la Bourse.
Rue Neuve St. Eustache.
18
RESTAURANT
CABINETS
DE
SOCIÉTÉ
DÉJEUNERS
A LA
FOURCHETTE
CAFÉ

Galerie Vero Dodat.
N.º 143. BOQUET N.º 143.

4.me Cah.
Pl. 23.
Rue Vivienne.
Rue du Four.
FRANCHET
PHARMACIE DROGUERIE
PHARMACIE DE GUESDE LIEUTAUD
Rue J. J. Rousseau.
Fig. 1.
PHARMACIE DE ROYER. 21
TEISSIER PREVOST PARFUMEUR
Dessiné et Gravé par Thollot.
Rue de Richelieu.

4.me Cah.
Pl. 28.
Rue Vivienne, N.º 22.
HAHN
GARDET
PIERRON
5.
2.
Fig. 1.
6.
3.
M.elle DELATOUCHE
BOUCHE
4.
7.
Rue Vivienne. N.º 17.
Rue de Sèvres.

CAFÉ DE MALTHE
Façade faisant encoignure de la rue St Martin et du boulevard.
Fig. 1
2
3
4
5
HE

Salon et parquet exécutés rue de Londres, hôtel N° 25.

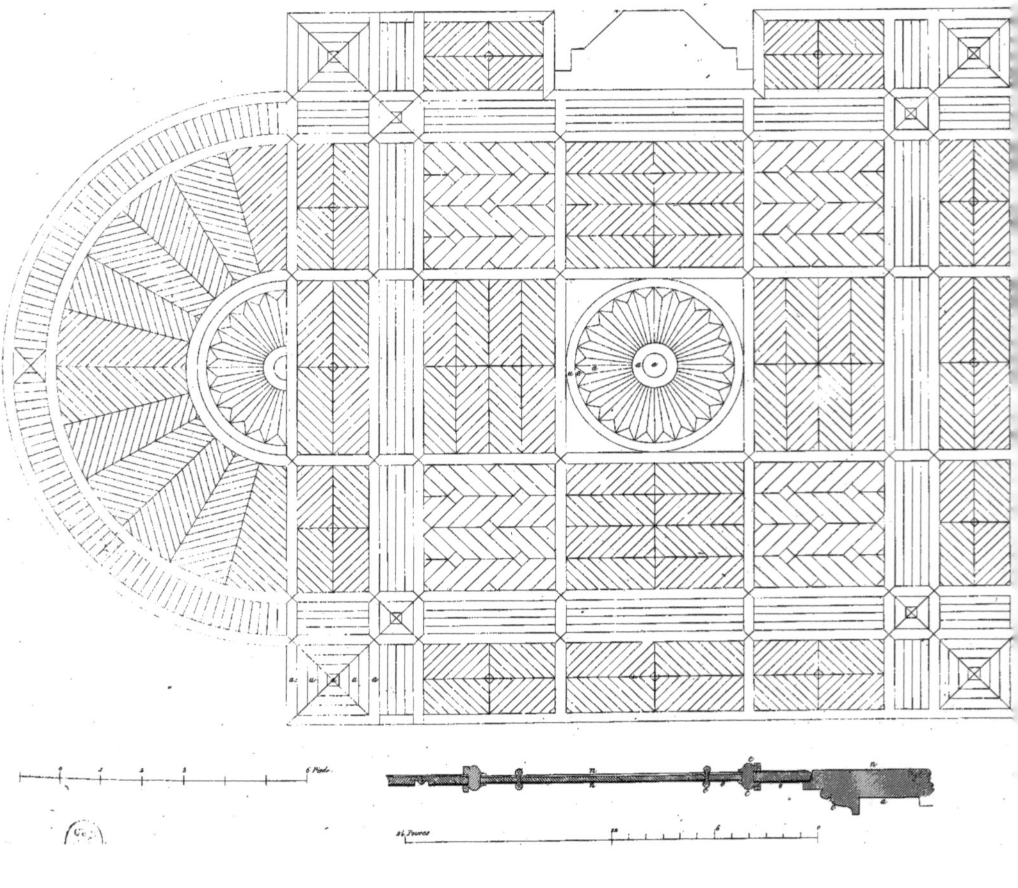

Salle de billard et salle de bal
exécutées chez M.r le baron Rothschild
par MM. Piron et Duponchel architectes.
Les figures de la salle de billard
sont peintes par M.r Picot, celles
de la salle de bal par M.r Gosse
les ornements par M.r Ciceri
et Lebe-Gigun.
(Voir les planches suivantes)
Côté de la cour
Salle de Bal
Salle de Billard

Salle de billard (voir le plan Pl. 26)

Dessiné et Gravé par Thiollet.

Salle de bal (voir le plan Pl. 26)
Dessiné et Gravé par Thiollet.
B.R

Plafond de la salle de bal (voir le plan, Pl. 26)

Pl. 3.
Fig. 1.
2.
3.
4.
5.
6.
gravé par Thiébet
Coupes et détails du salon de l'hôtel, N.º 18, rue de Londres.

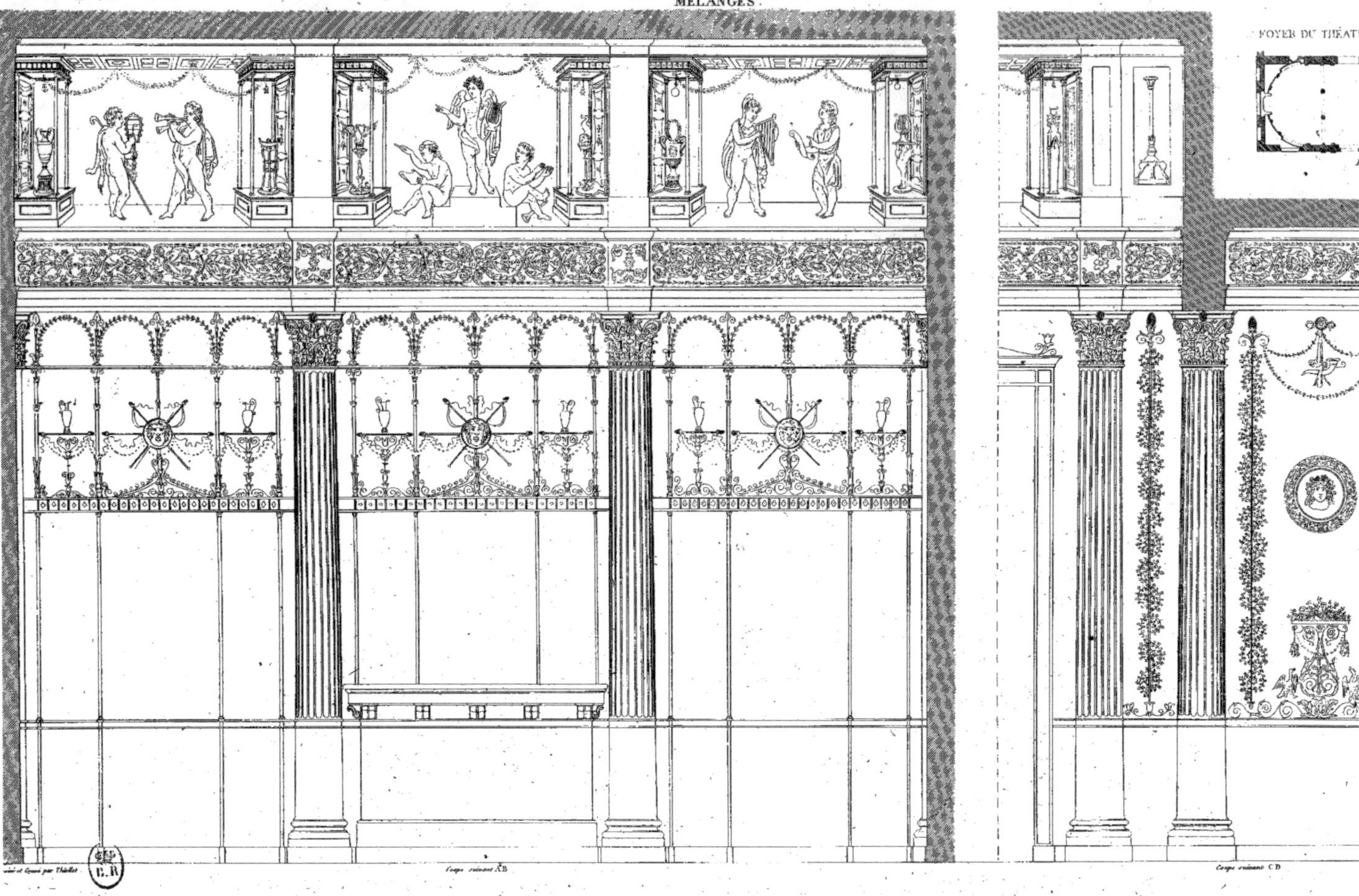

FOYER DU THÉÂT
Dessiné et Gravé par Thiollet.
Coupe suivant AB
Coupe suivant CD

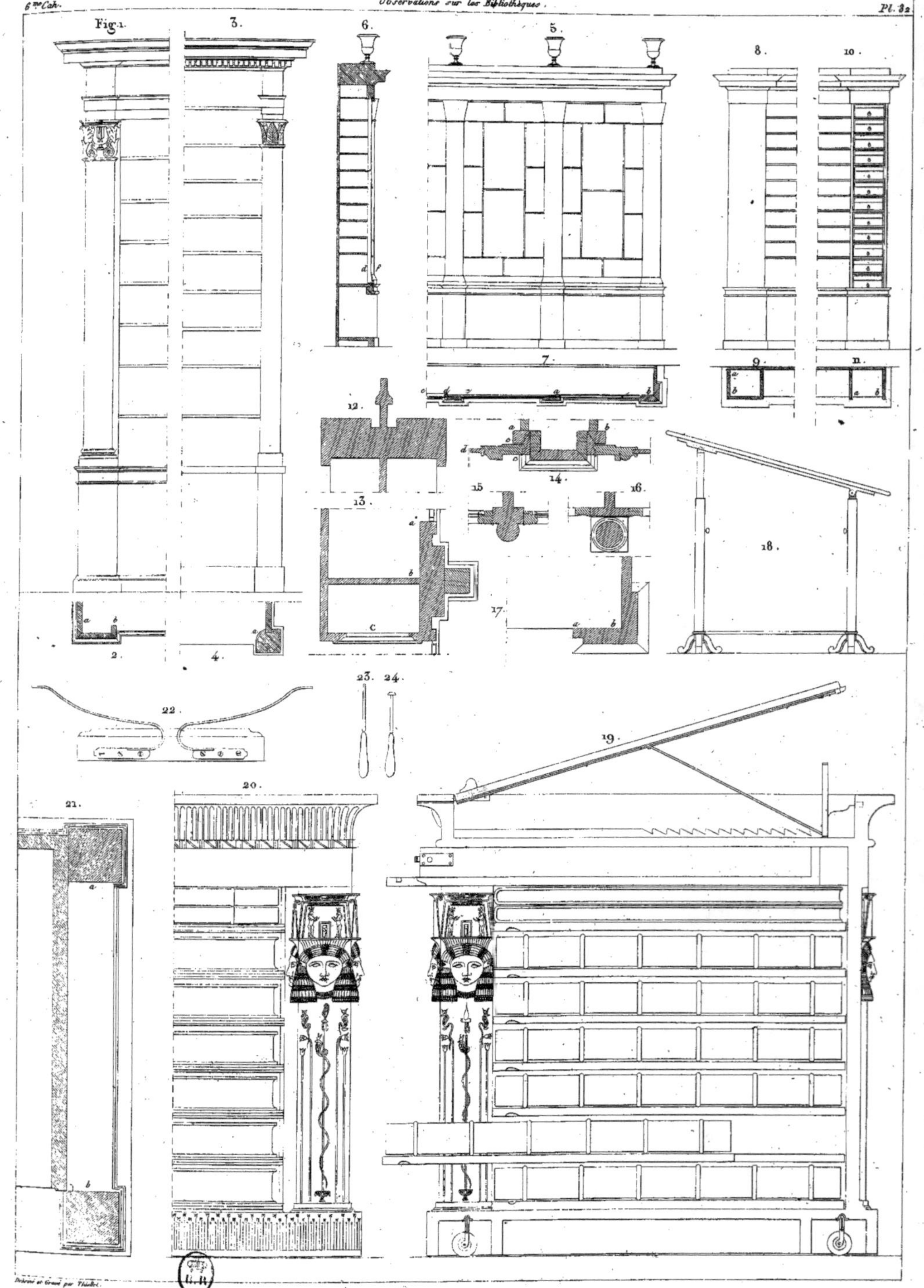

Fig.1.
3.
6.
5.
8.
10.
7.
9.
n.
12.
14.
13.
15.
16.
17.
18.
2.
4.
22.
23. 24.
19.
20.
21.

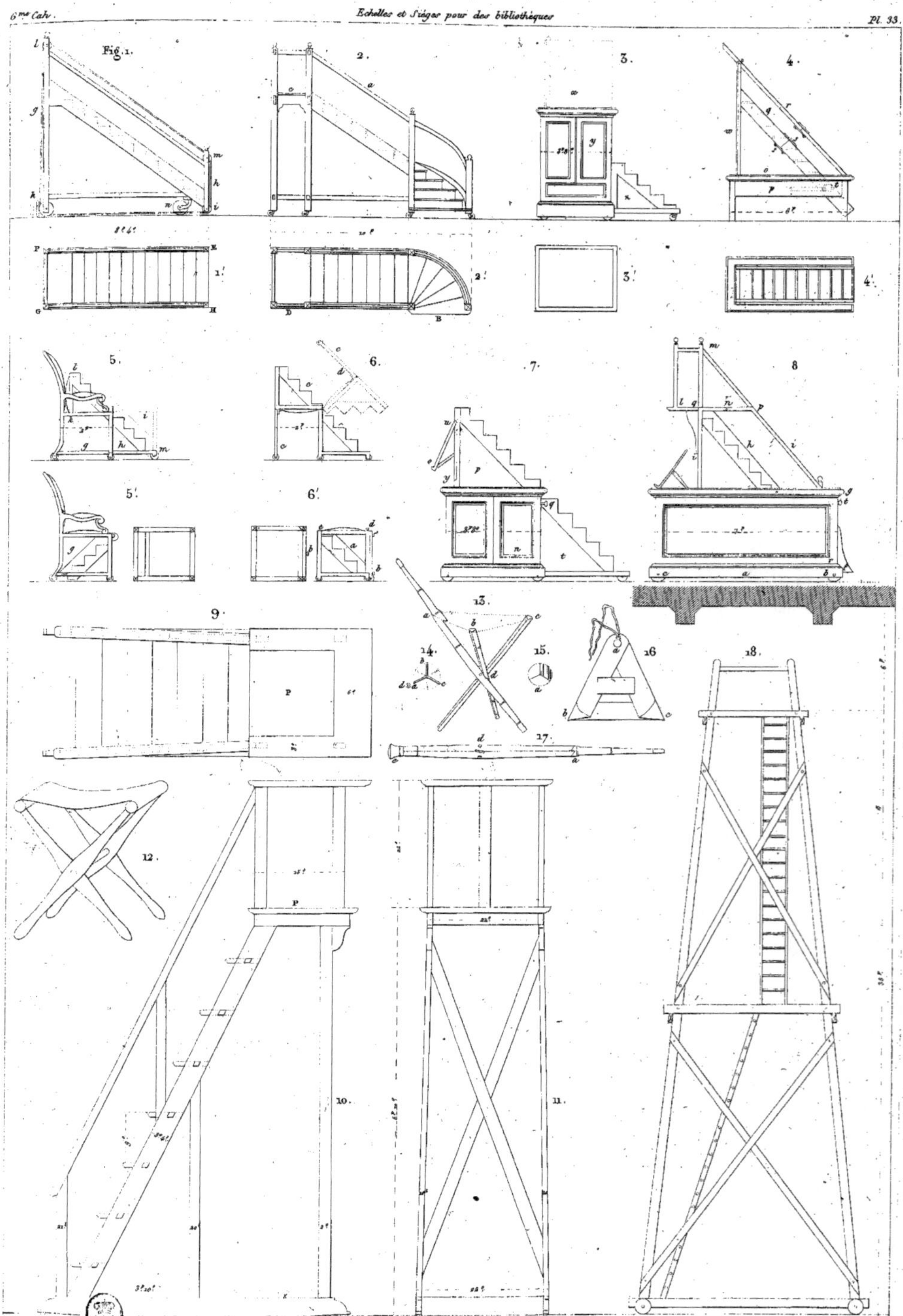

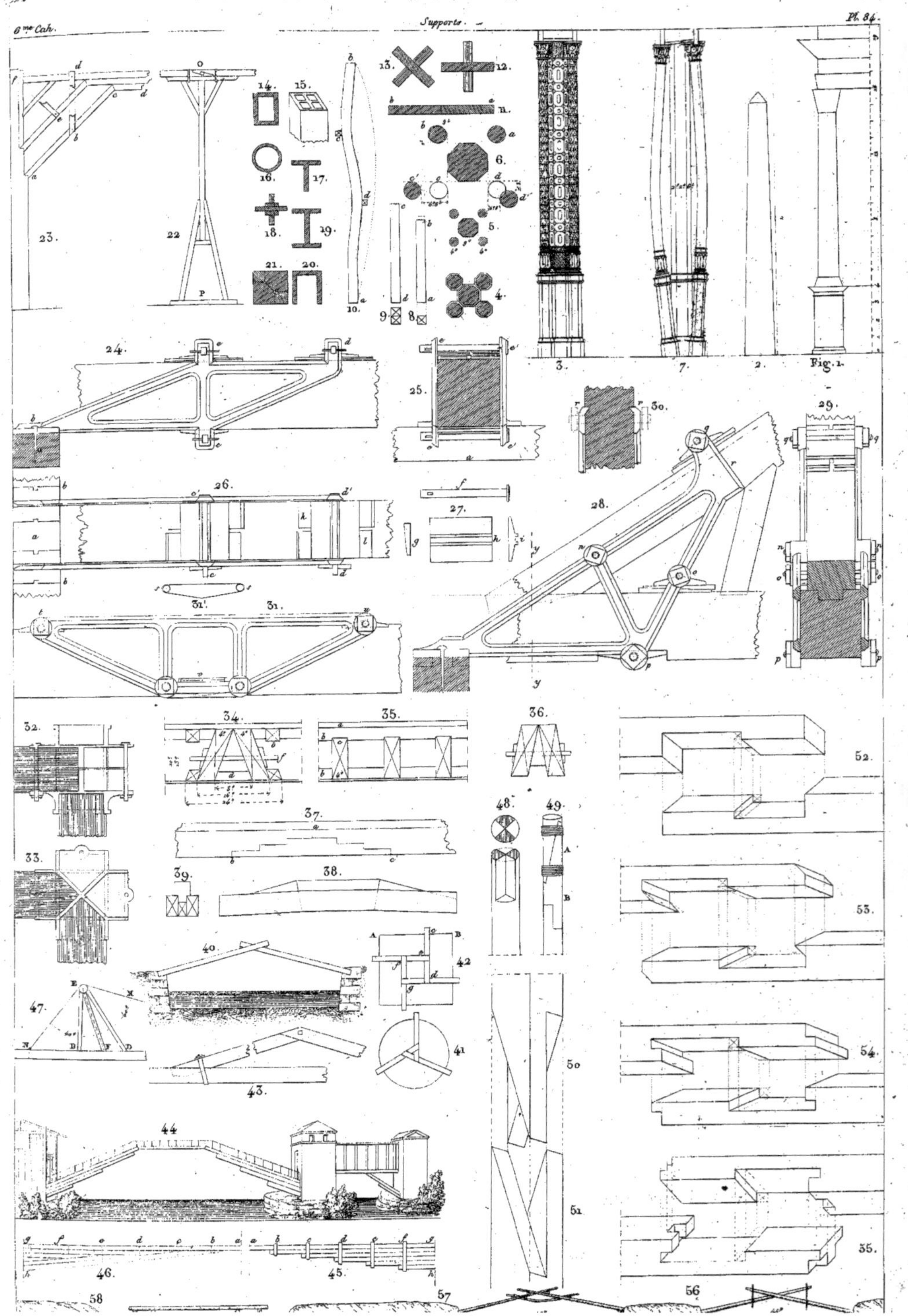
Supports.
Pl. 84.
6.me Cah.
13. 12. 11.
14. 15.
16. 17.
18. 19.
21. 20.
10. 9. 8.
23. 22. 6. 5. 4.
3. 7. 2. Fig.1.
24. 25. 30. 29.
26. 27. 28.
31'. 31.
32. 34. 35. 36. 52.
33. 37. 48. 49. 53.
39. 38. 50. 54.
40. 42. 51. 55.
47. 41.
43.
44. 46. 45. 56.
58. 57.

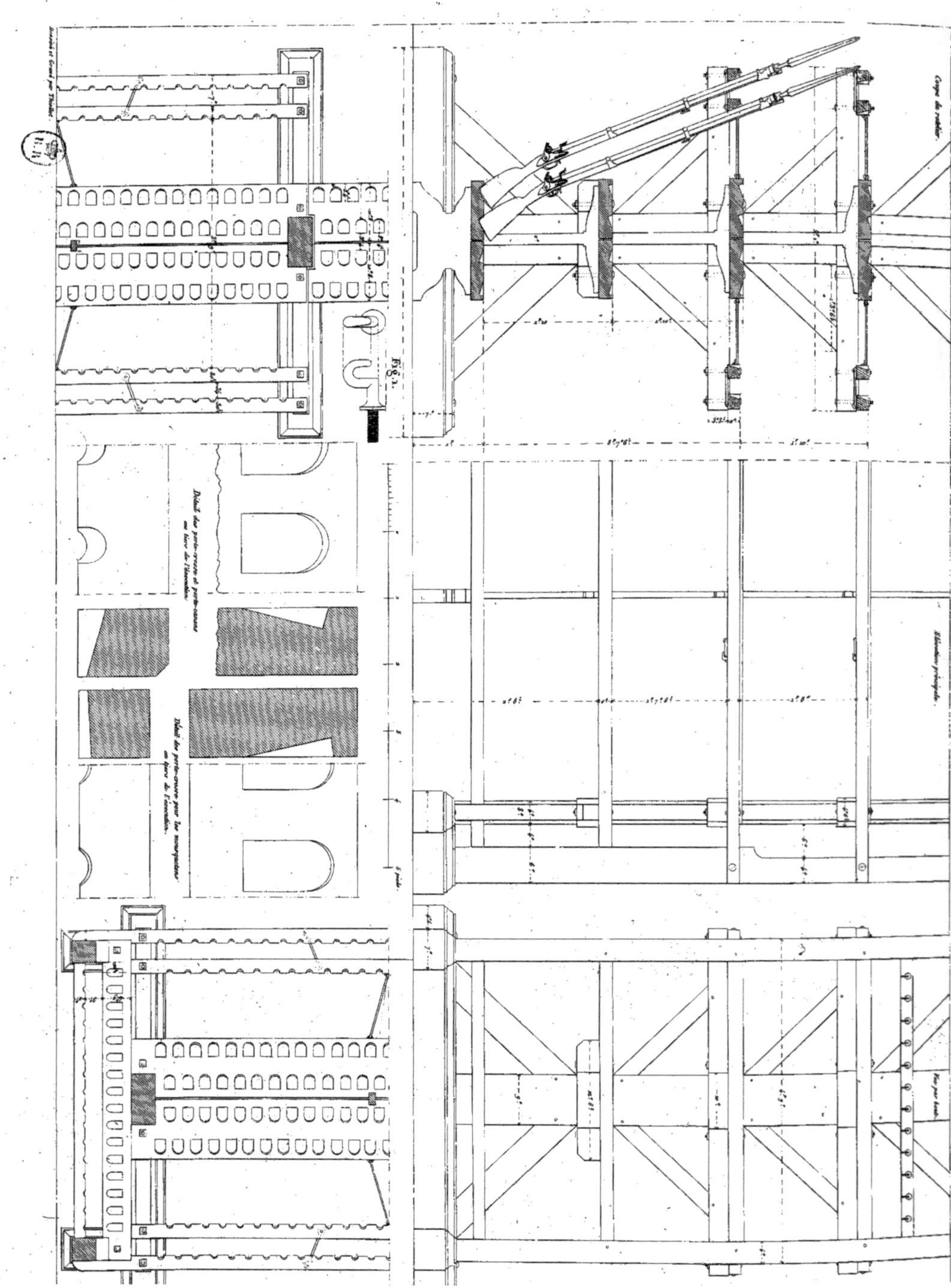

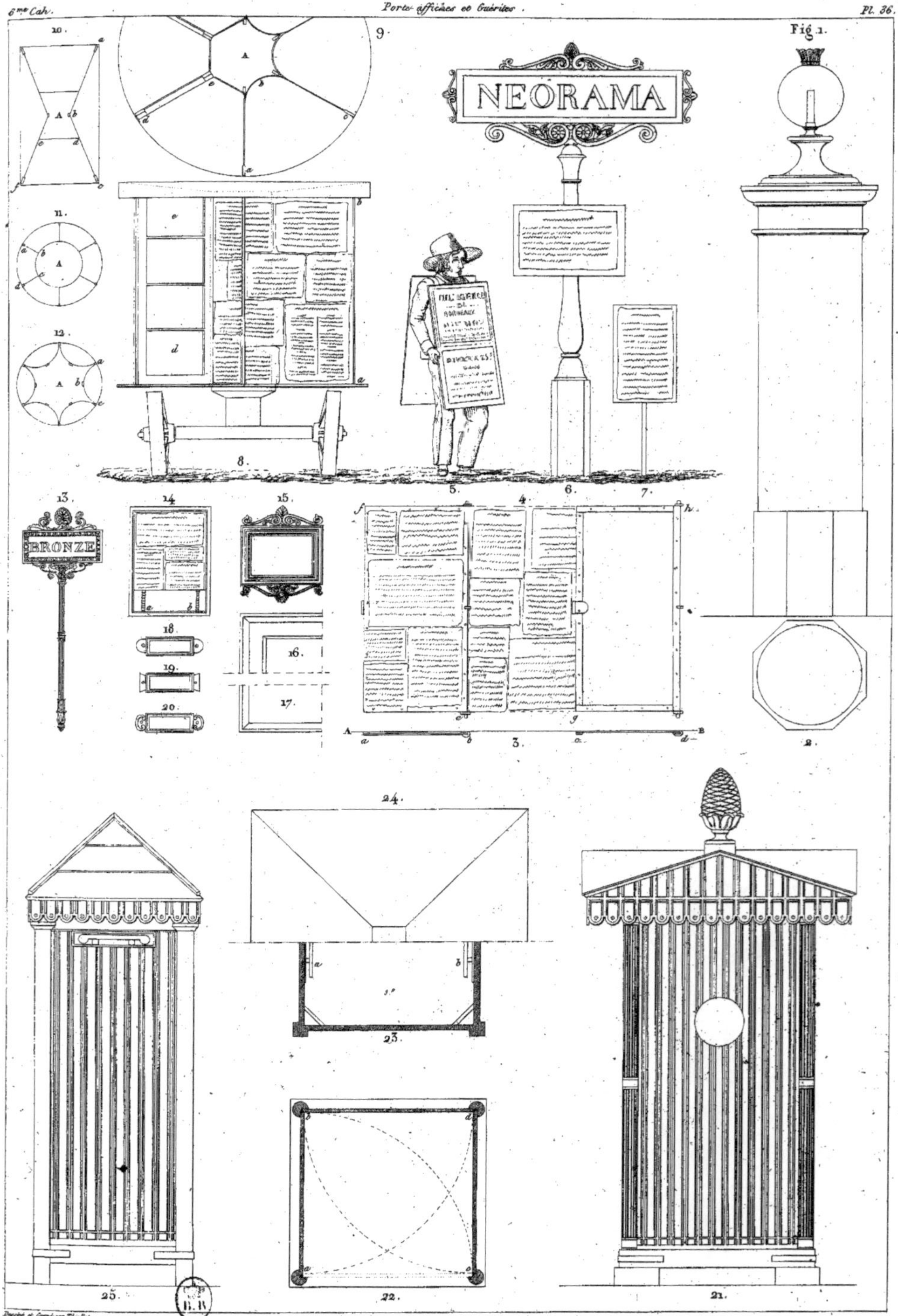

Fig. 1.
NEORAMA
BRONZE

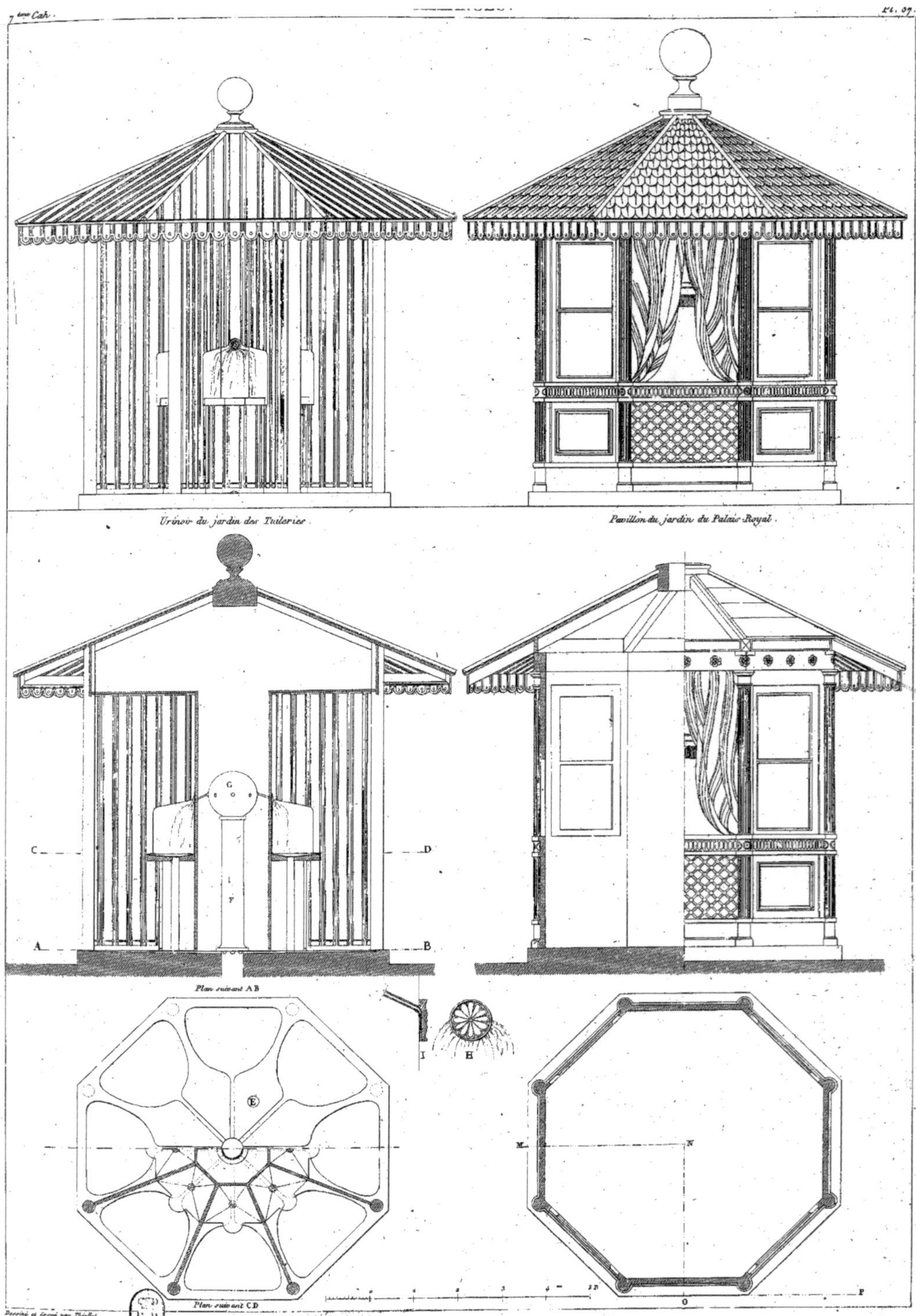
Urinoir du jardin des Tuileries.
Pavillon du jardin du Palais-Royal.
C
D
A
B
G
E
Plan suivant A B
I
H
M
N
O
P
Plan suivant C D
Dessiné et Gravé par Thiollet.

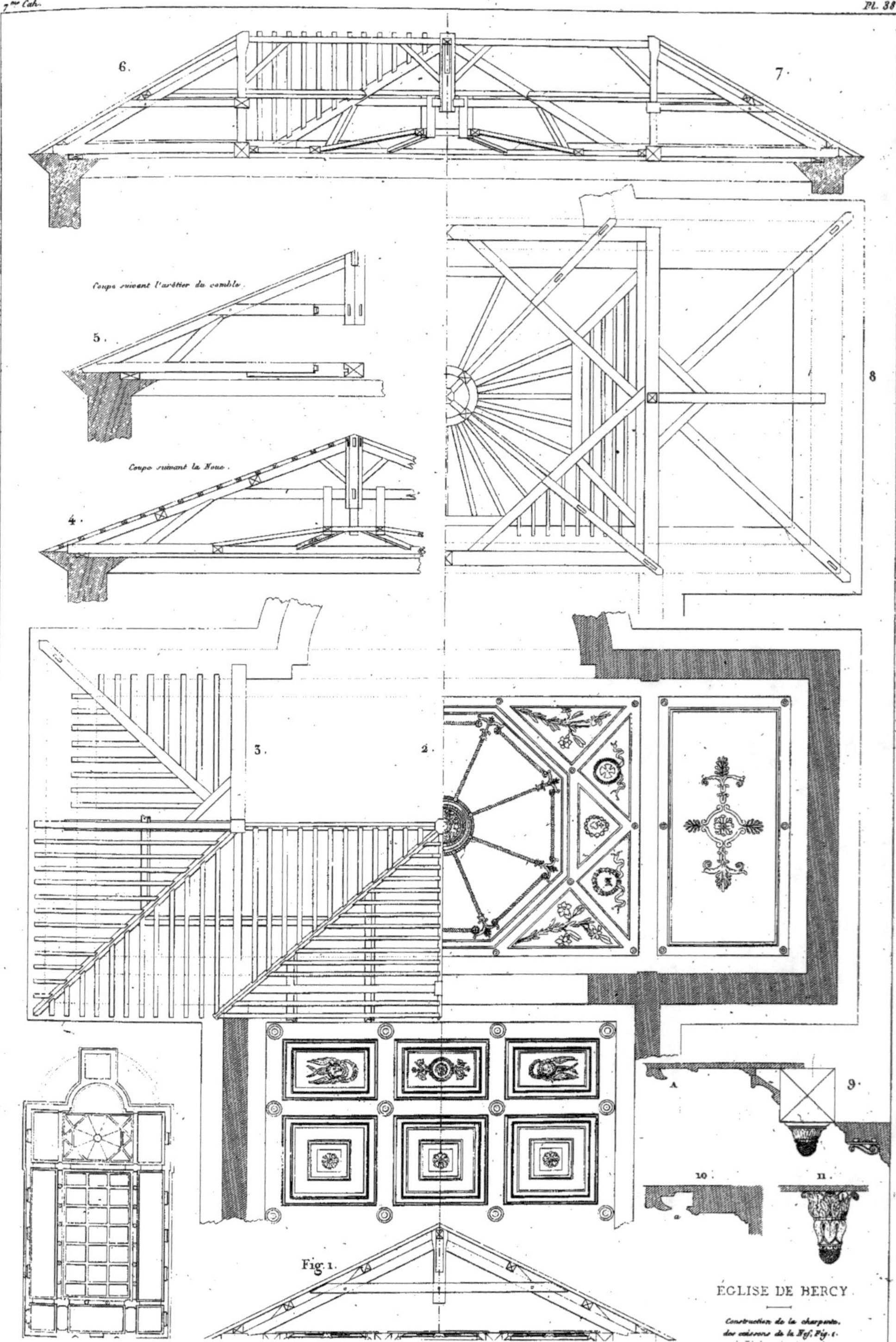
6.
7.
Coupe suivant l'arêtier du comble.
5.
Coupe suivant la Noue.
4.
8.
3.
2.
9.
10.
11.
A
Fig. 1.
ÉGLISE DE BERCY.
Construction de la charpente
des croisons de la Nef, Fig. 1.

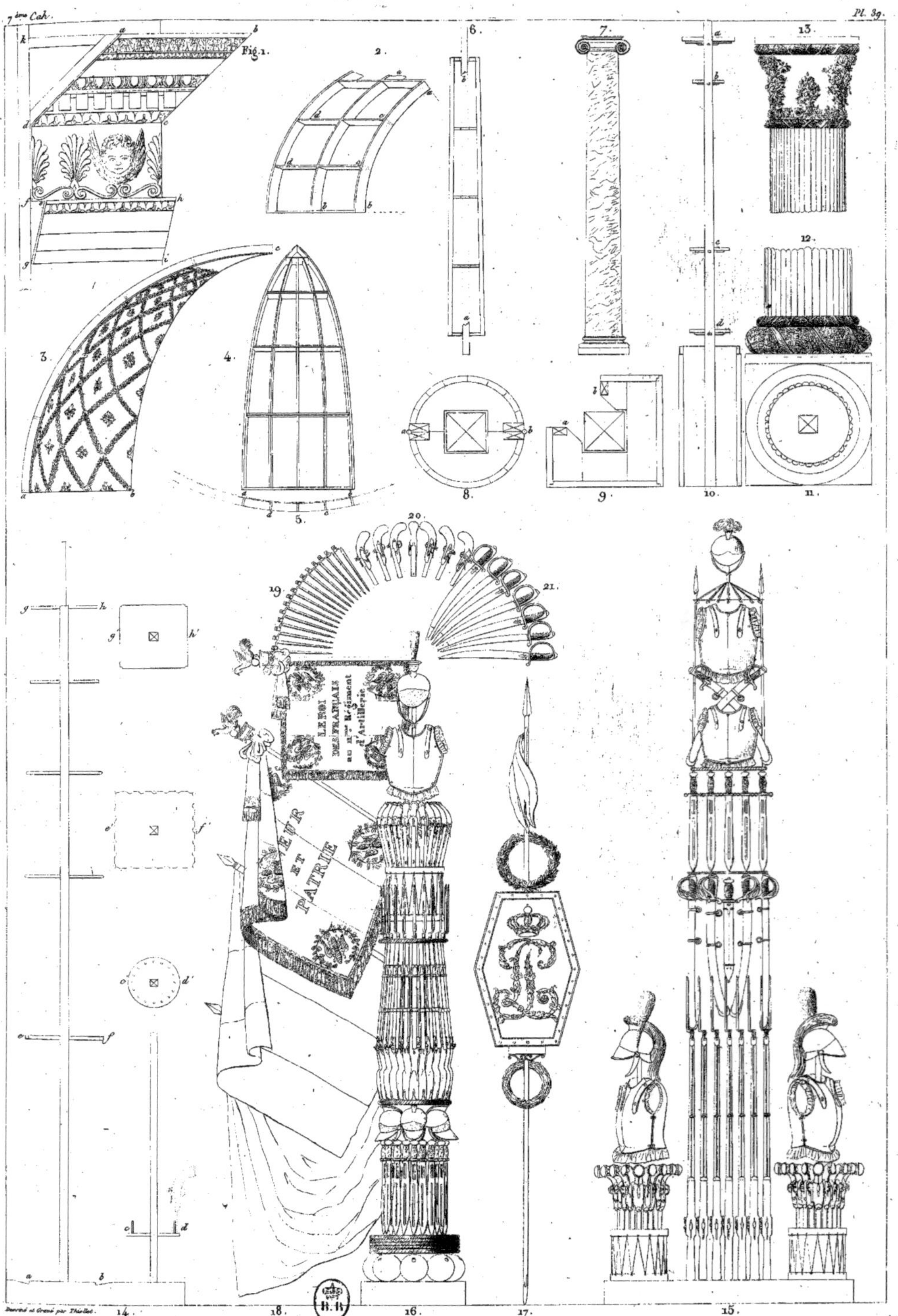

Dessiné et Gravé par Thierlet.

Fig. 1.
2.
3.
7'
3'
4'
1.
5'
2'
5.
4.
8.
7.
6.
6'

Fig. 1
2.
3.
4.
5.
5.
Dessiné et Gravé par Thiollet.
(Voir les plans planches suivantes)

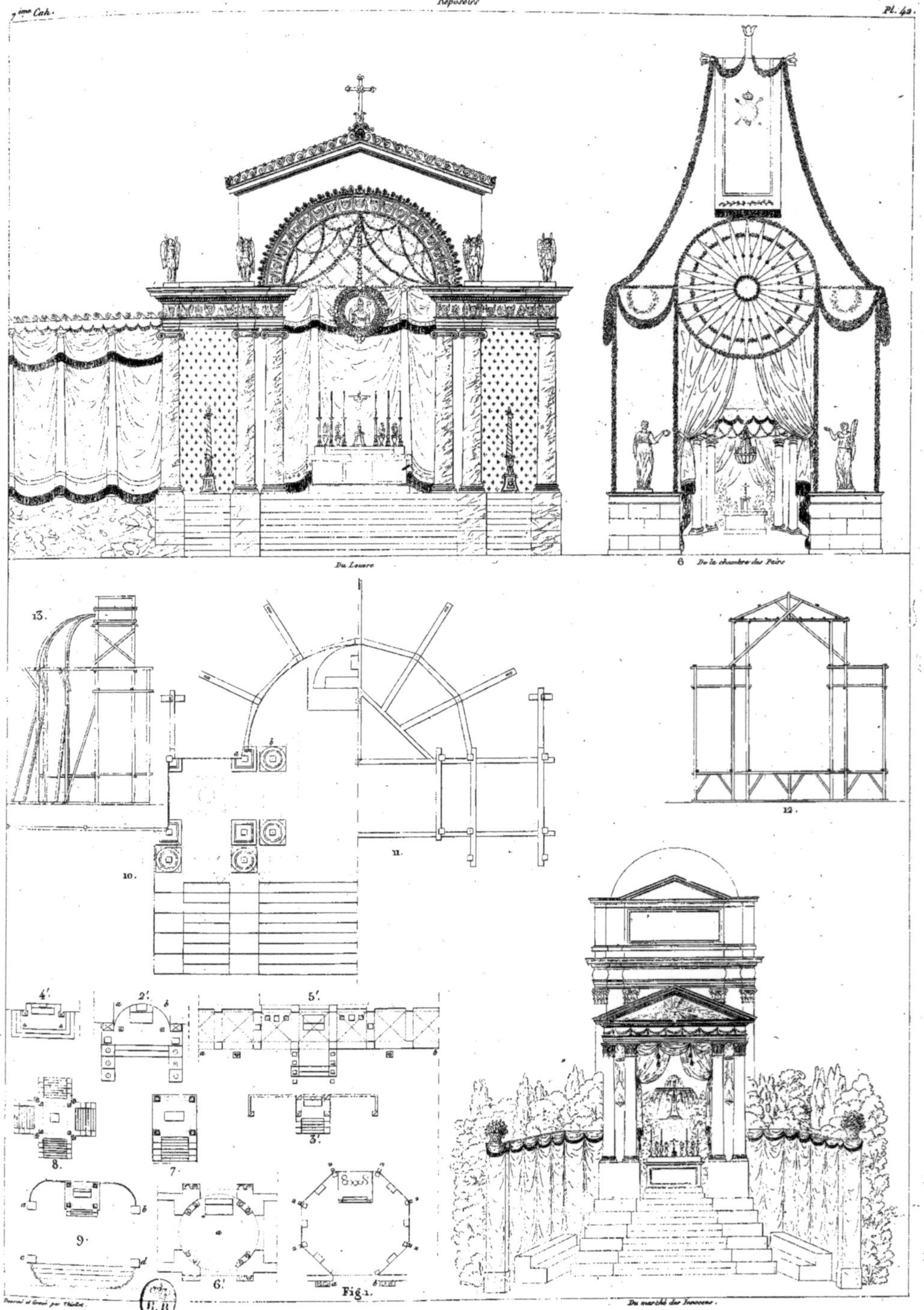

Du Louvre
6. De la chambre des Pairs
13.
10.
11.
12.
4'. 2'. 5'.
3'.
8. 7.
9. 6'. Fig. 1.
Du marché des Innocens.
Dessiné et Gravé par Thiollet.

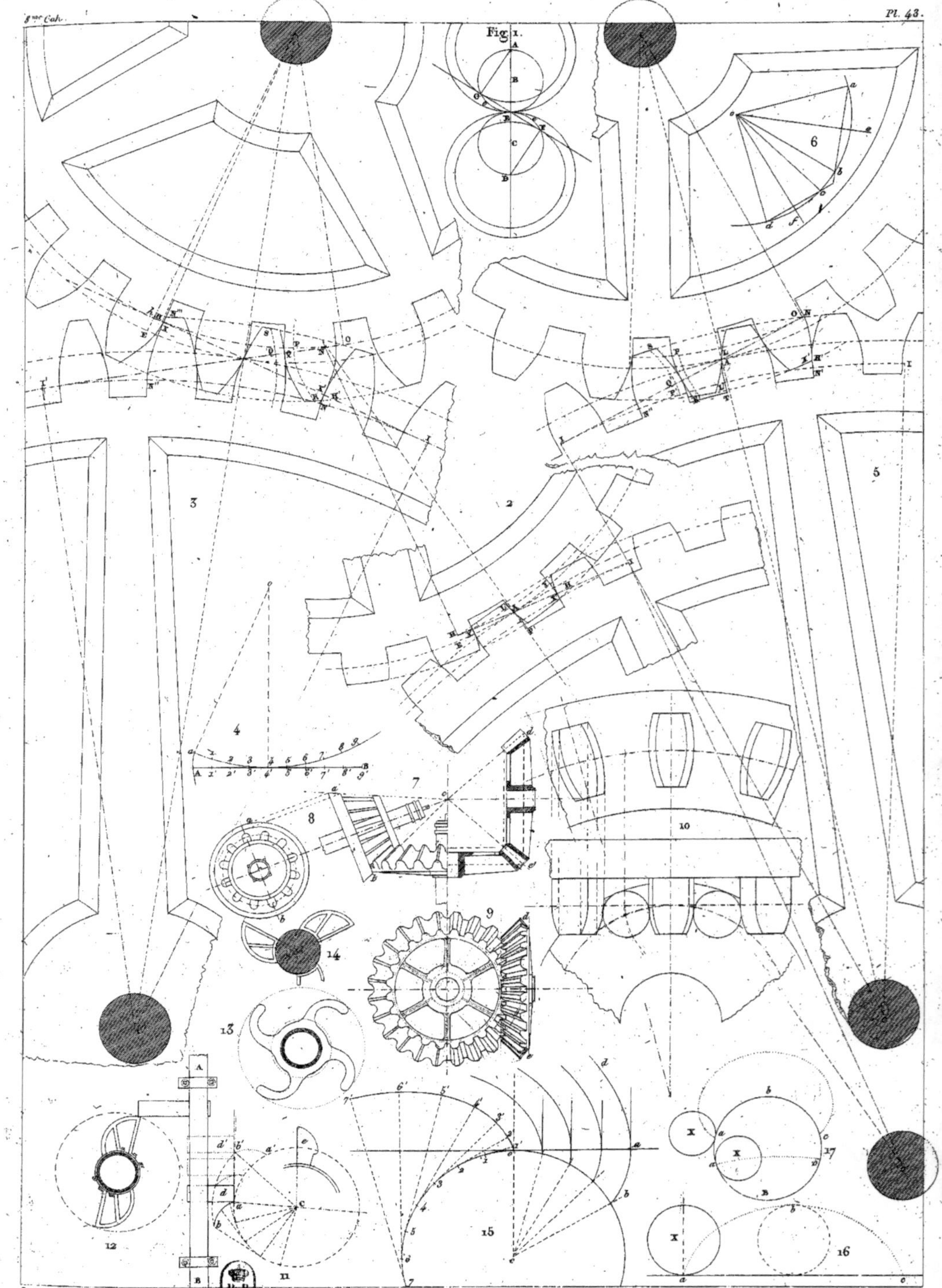
Fig. 1.
6
3
2
5
4
7
8
9
10
13
14
15
16
17
12
11

Cric

Cric à vis.

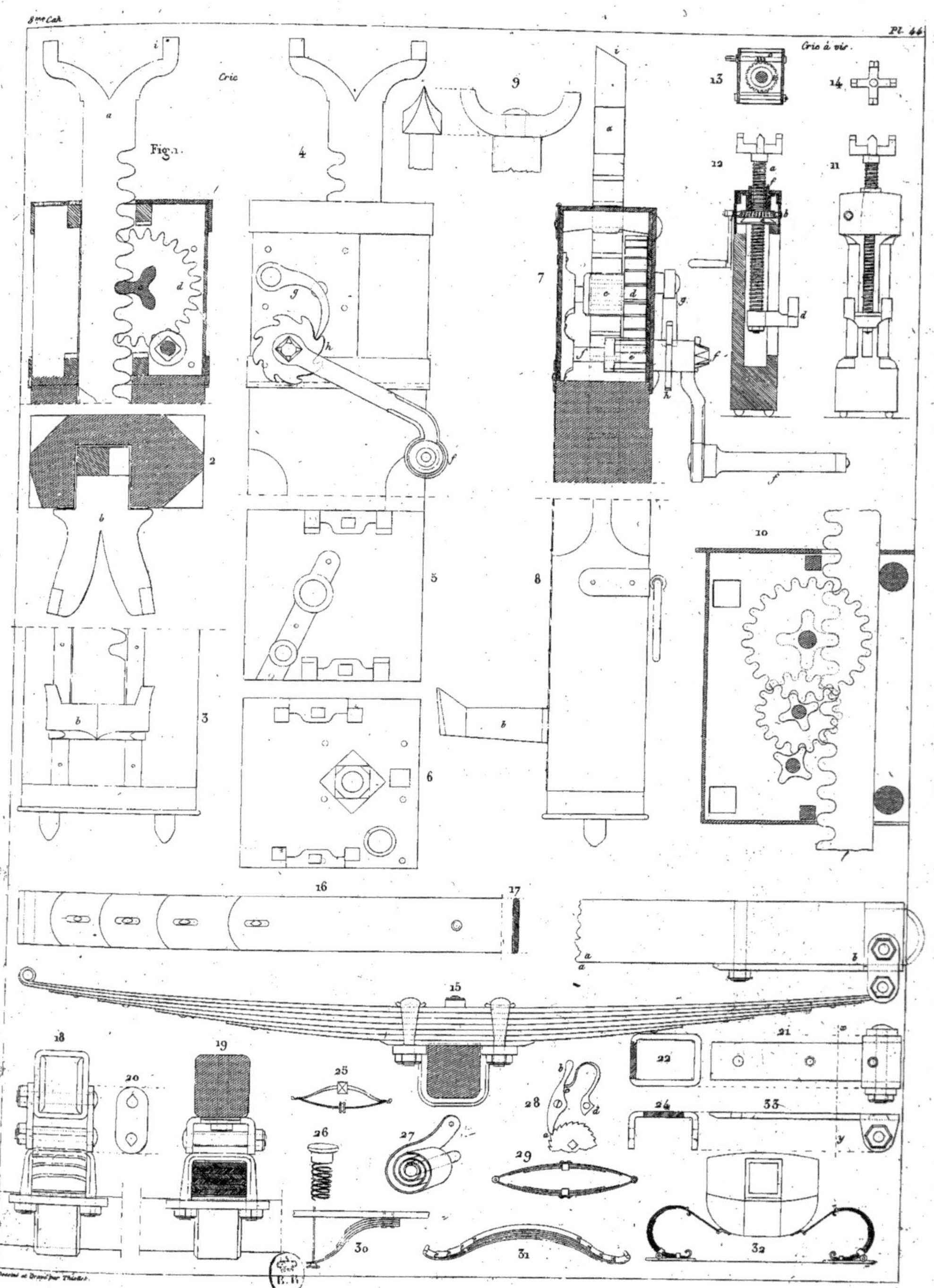

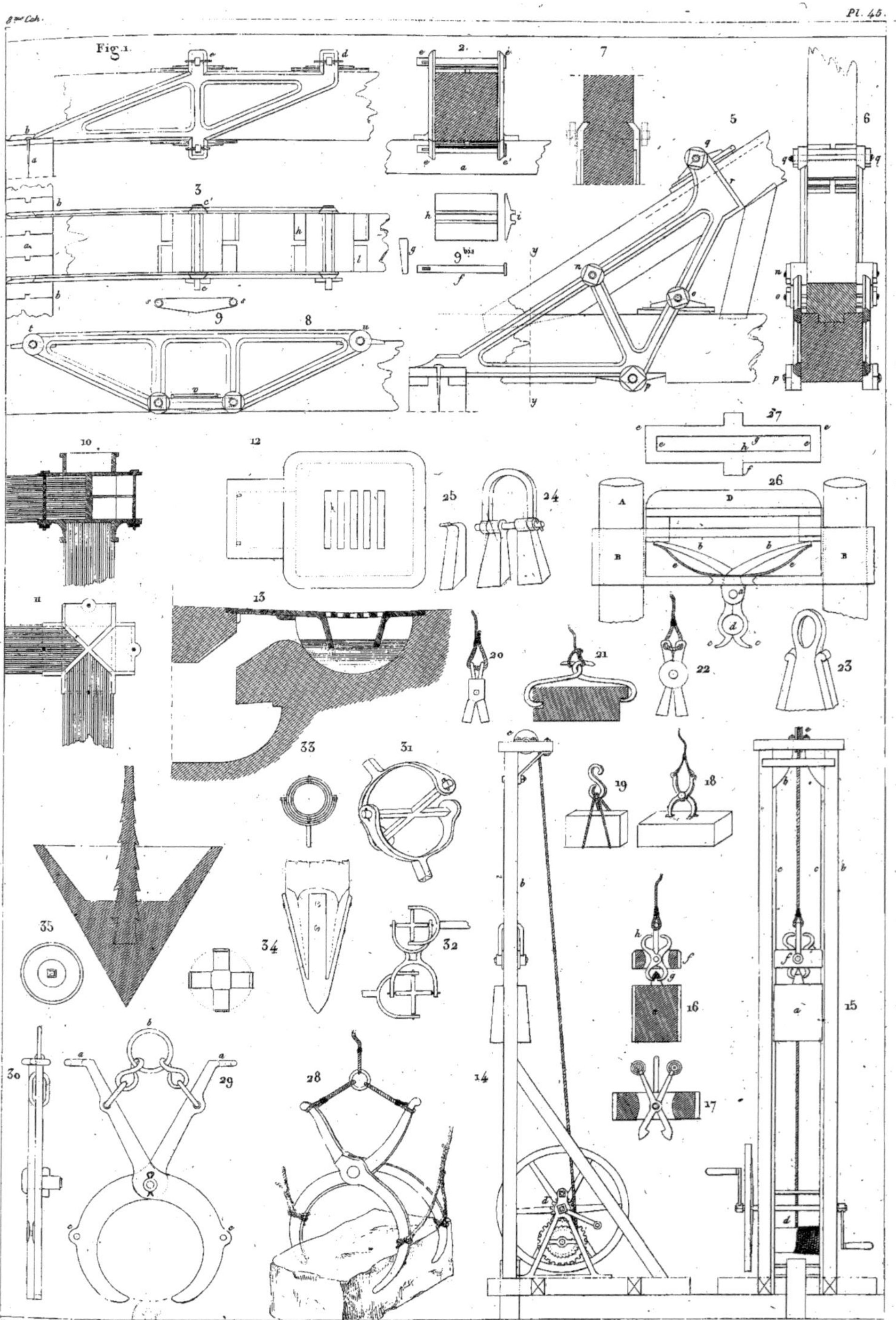

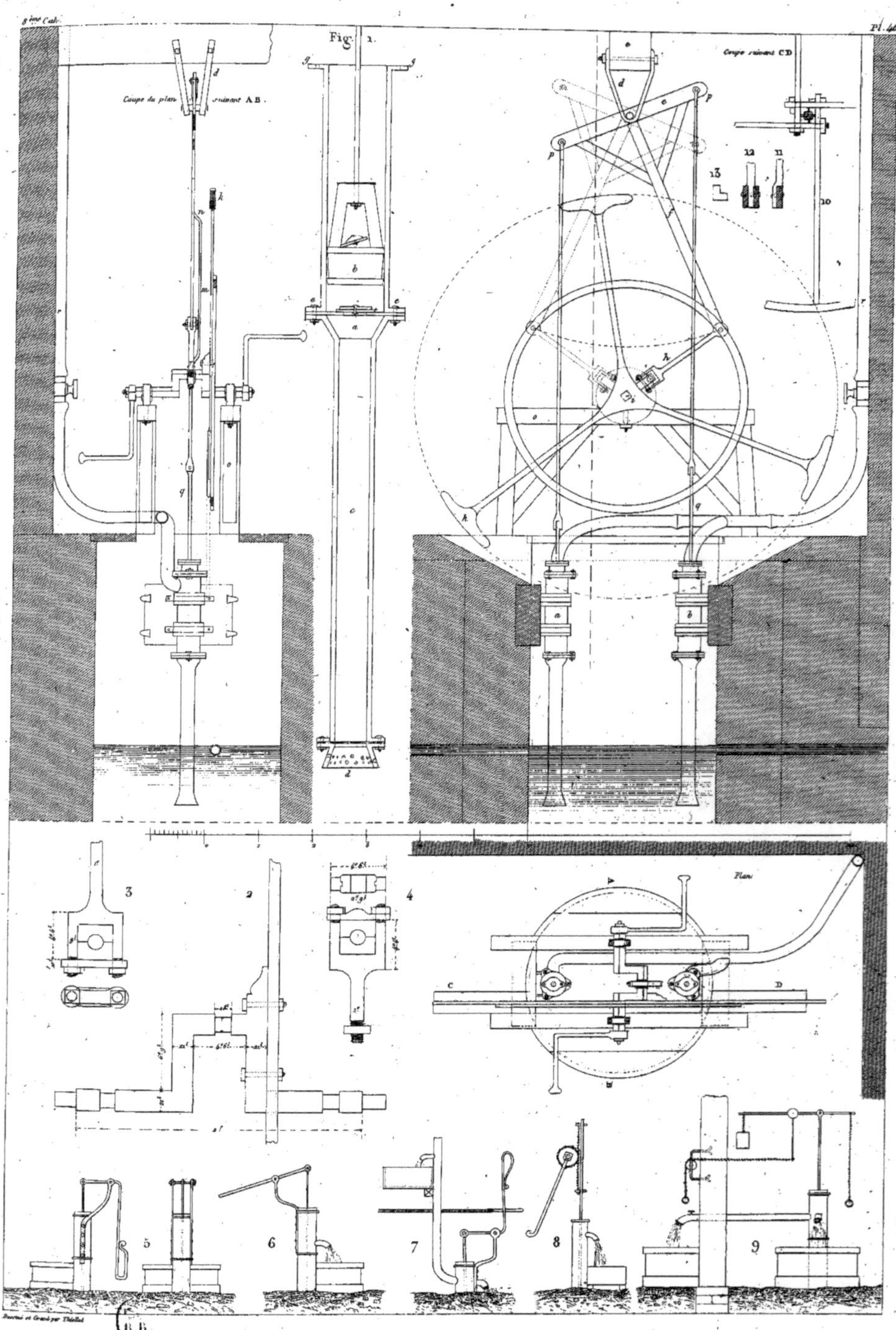

8.me Cah.
Pl. 46.
Fig. 1.
Coupe du plan suivant A.B.
Coupe suivant C.D.
Plan
3
2
4
5
6
7
8
9
Dessiné et Gravé par Thiollet.

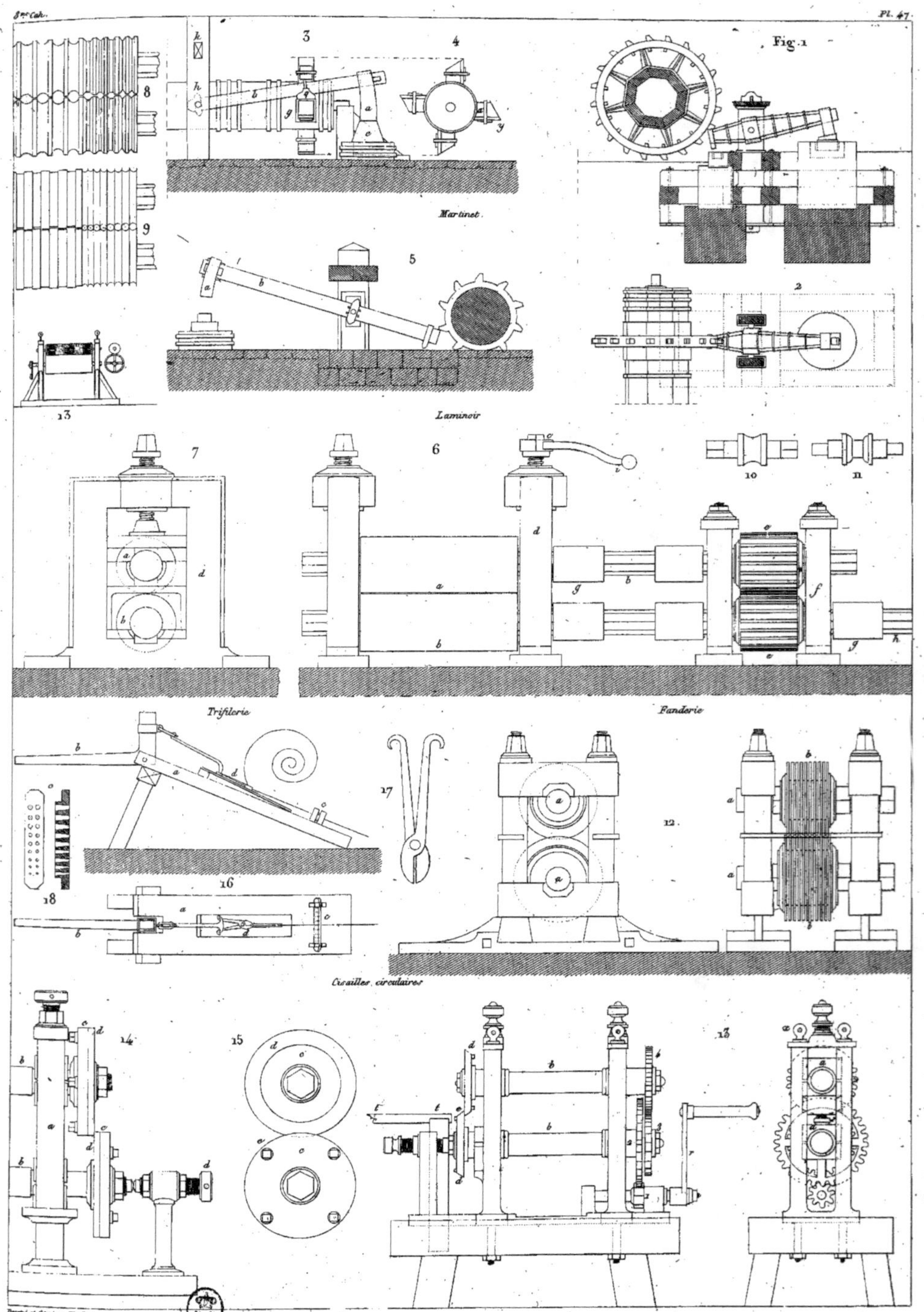

8re Cah.
Pl. 47
Fig. 1
Martinet.
Laminoir.
Trifilerie.
Fanderie.
Cisailles circulaires.

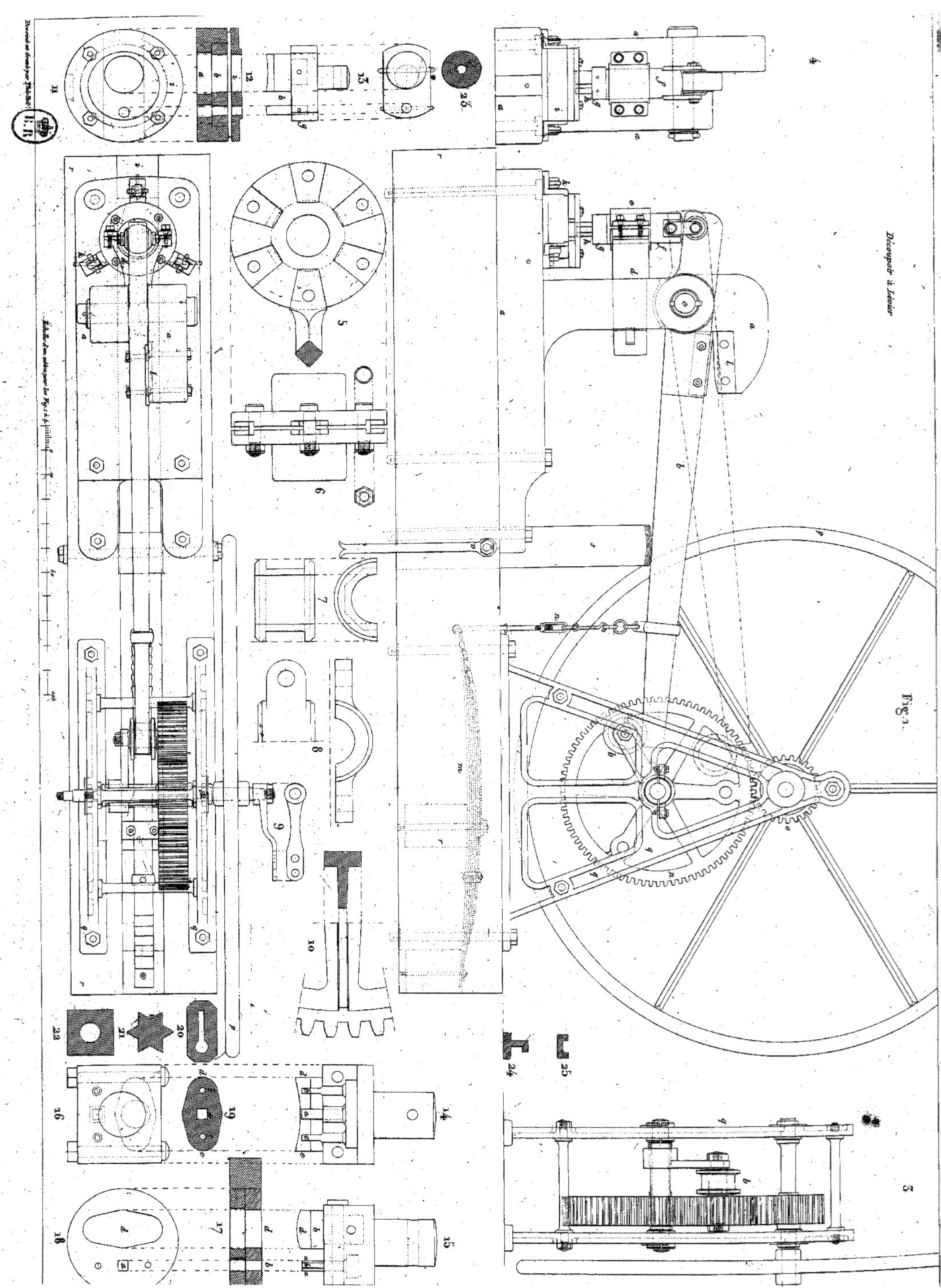

BALCONS

Boulevard St Denis.

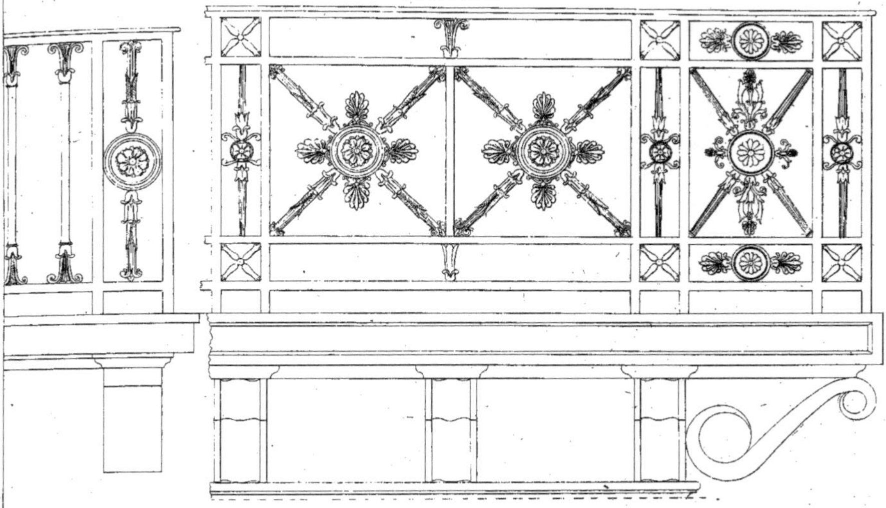

Rue Laffitte.

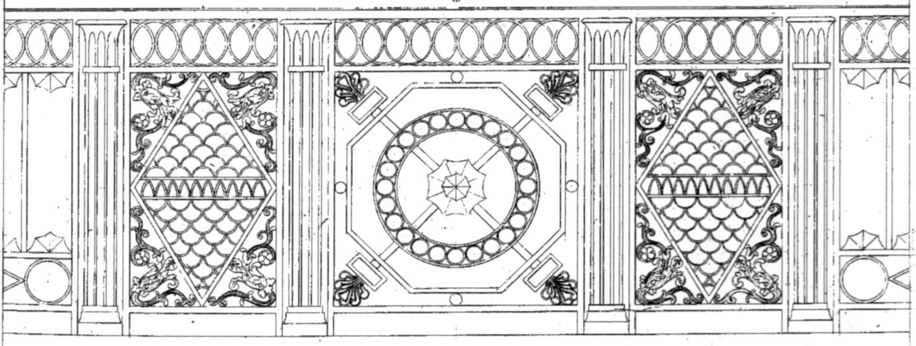

Boulevard Saint-Denis.

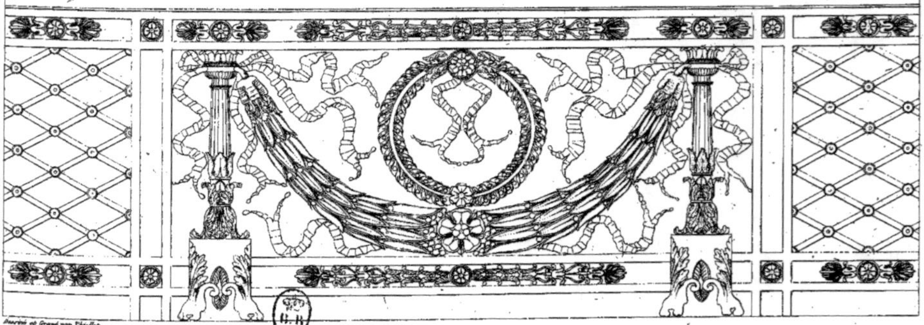

Dans divers quartiers de Paris.
Fig. 1
5.
2.
6.
3.
7.
4.
8.

Grilles d'appui et balcons.
Exécutées dans divers quartiers de Paris.
des Fig.
2 à 6
7 à 12
Fig. 1.
Fig. 1.
2
3
4
5
6
7
8
9
10
11
12
MABILE

6 balcons et 39 motifs de baies et dessus de portes d'allées.

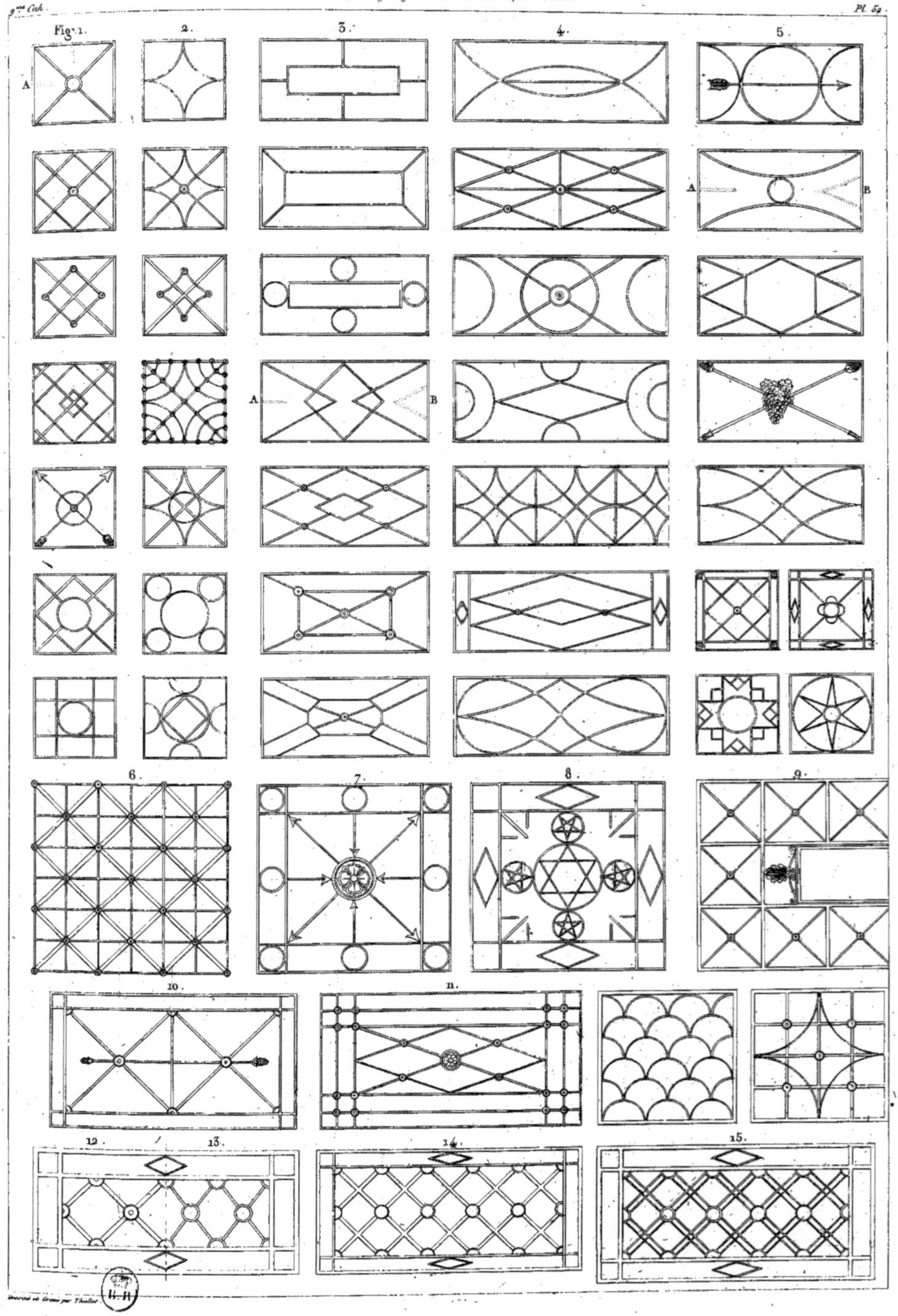

Fig. 1. 2. 3. 4. 5.

A B

6. 7. 8. 9.

10. 11.

12. 13. 14. 15.

Fig. 1.
2.
3.
4.
5.
6.
7.
8.
9.
10.
11.
12.

4
3
Fig. 1
2
5
6
7
8
9
10

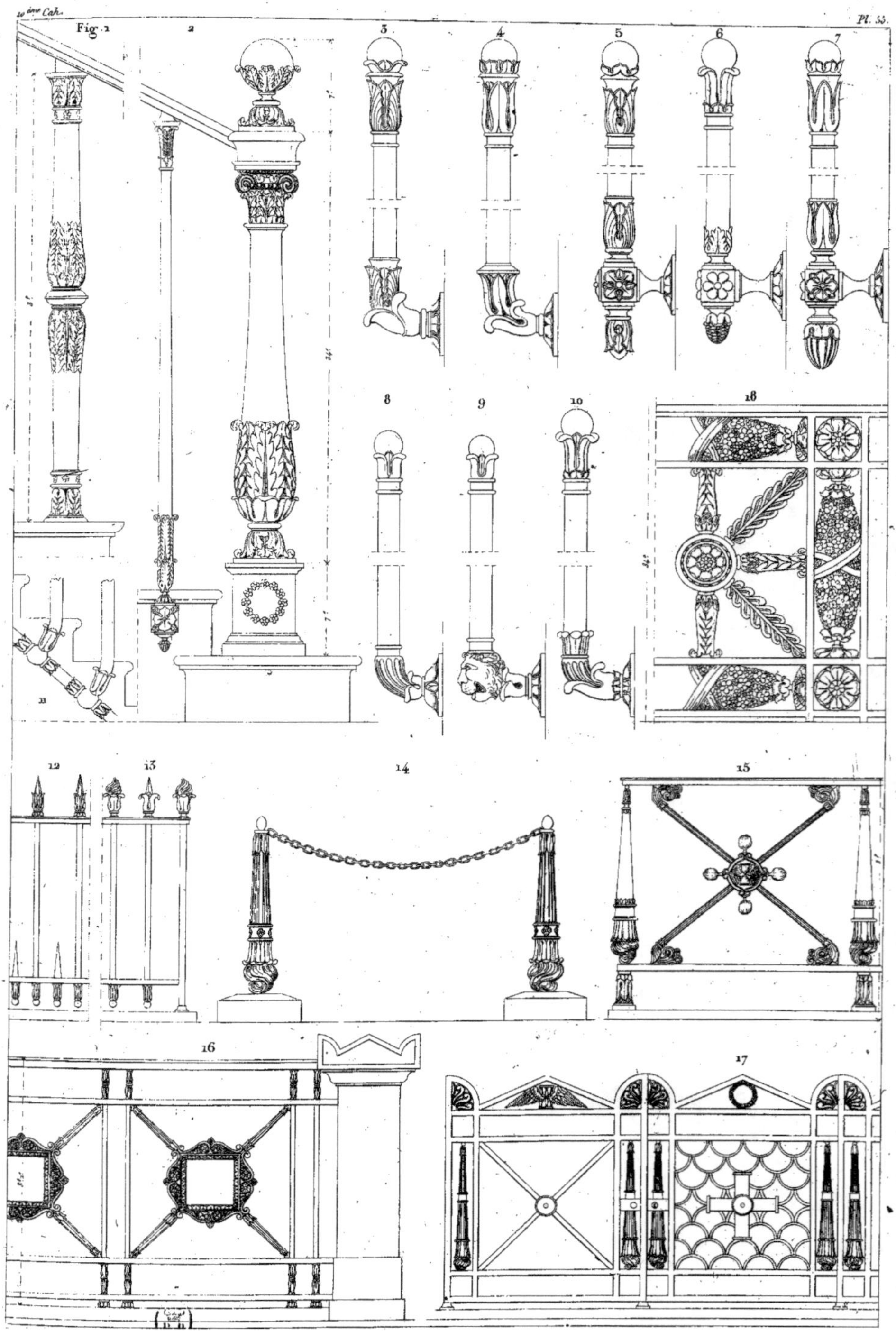

Fig. 1
2
3
4
5
6
7
8
9
10
18
12
13
14
15
16
17

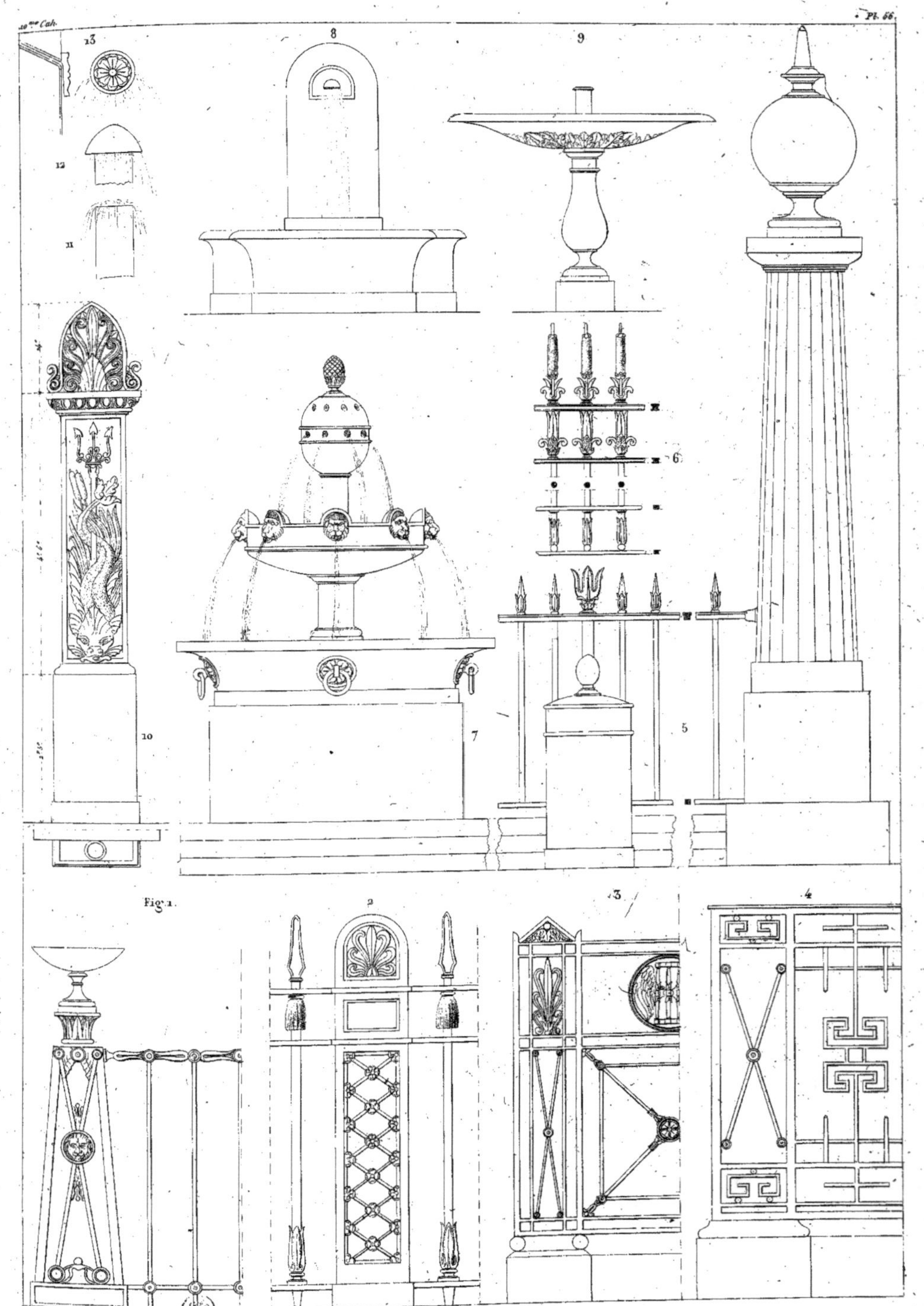
Cah.
13
12
11
8
9
10
7
6
5
Fig. 1
2
3
4
Dessiné et Gravé par Thiébaut

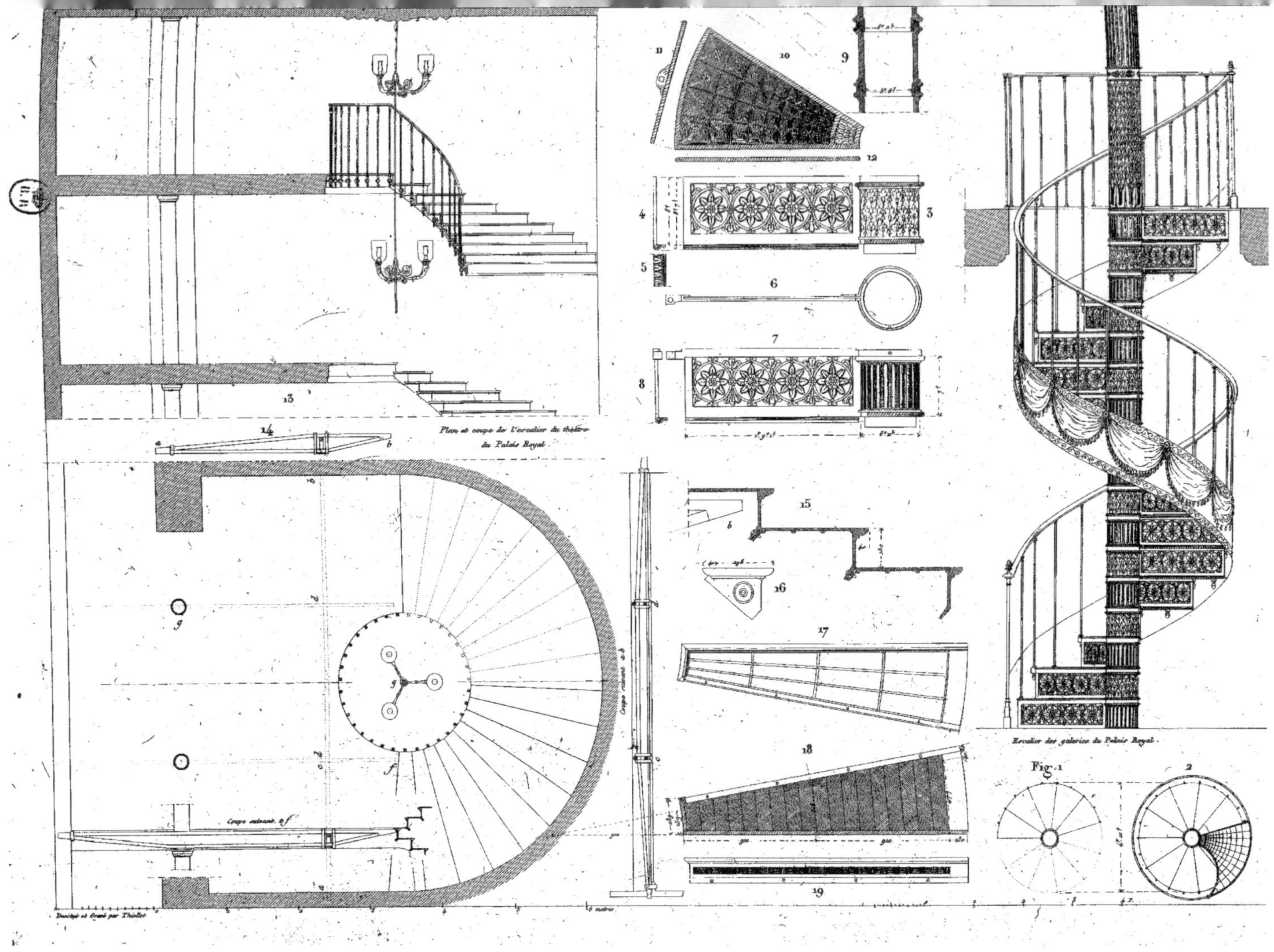

Plan et coupe de l'escalier du théâtre
du Palais Royal
Escalier des galeries du Palais Royal.
Coupe suivant a.b
Coupe suivant e.f
Fig. 1
Dessiné et Gravé par Thiollet

Fig. 1.
2
3
4
5
6
B.R
Dessiné et Gravé par Thiollet.

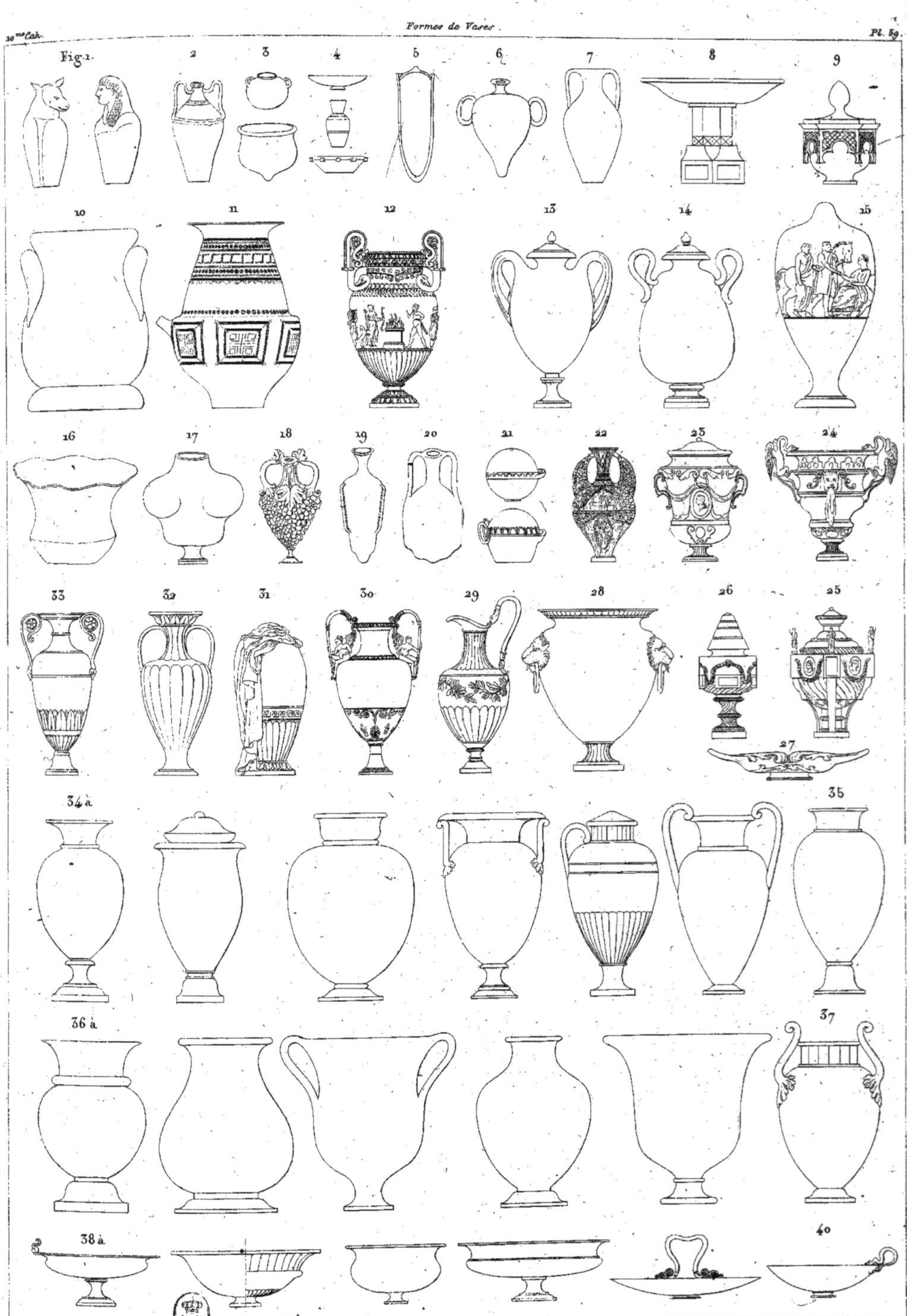

Fig. 1
2
3
4
5
6
7
8
9
10
11
12
13
14
15
16
17
18
19
20
21
22
23
24
33
32
31
30
29
28
26
25
27
34 a
35
36 a
37
38 a
40

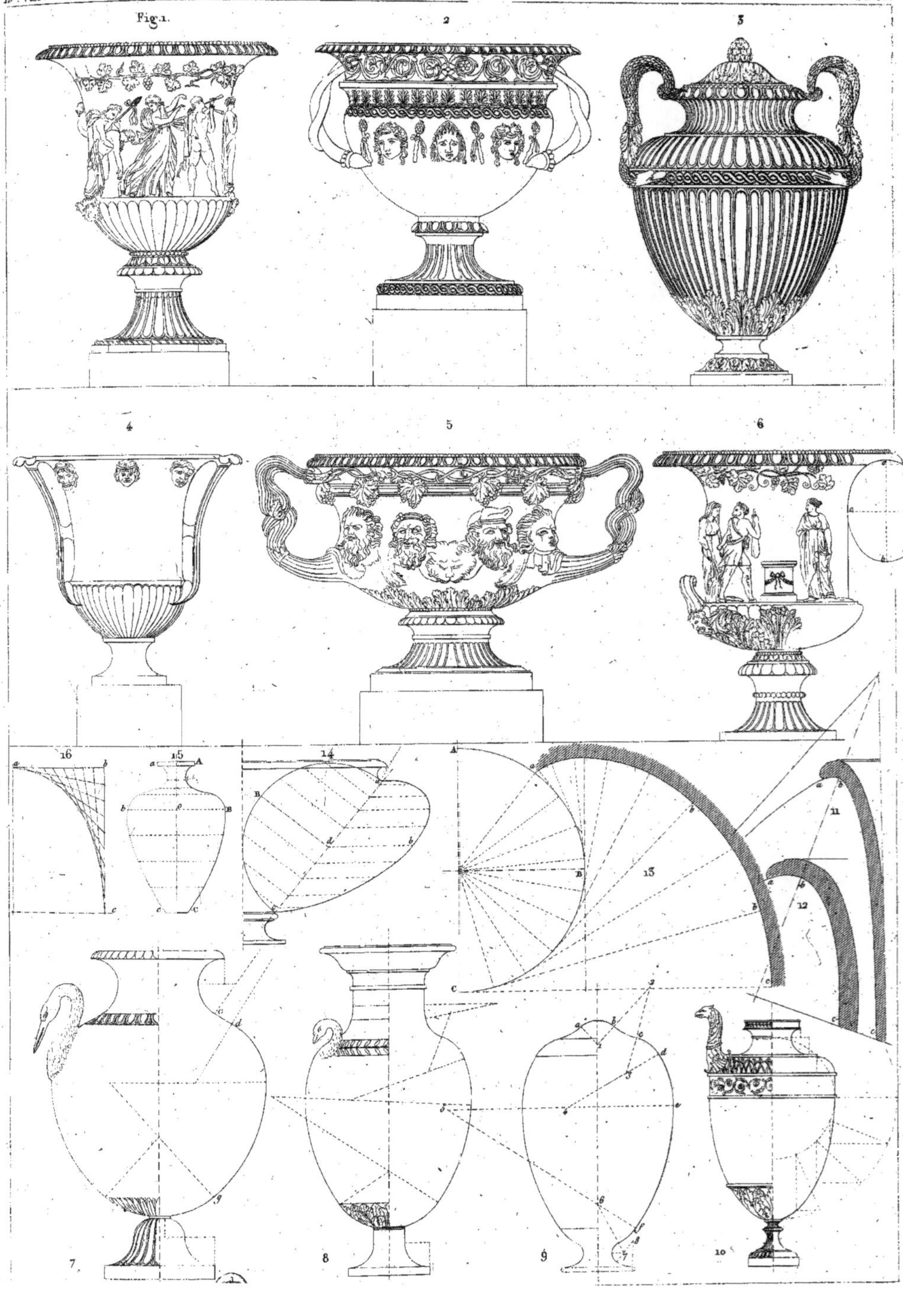

Fig.1.
2
3
4
5
6
16
15
14
13
11
12
7
8
9
10

2.me Cah.
FONTE DE FER.
Pl. 6.
Candélabres et Bornes.
Fig. 1. 
1 2 3 4 5 6 7 8 9 10 11 12 13 14 15 16 17 18 19 20 21 22 23 24
6 pieds
Dessiné et Gravé par Thullier
B.R

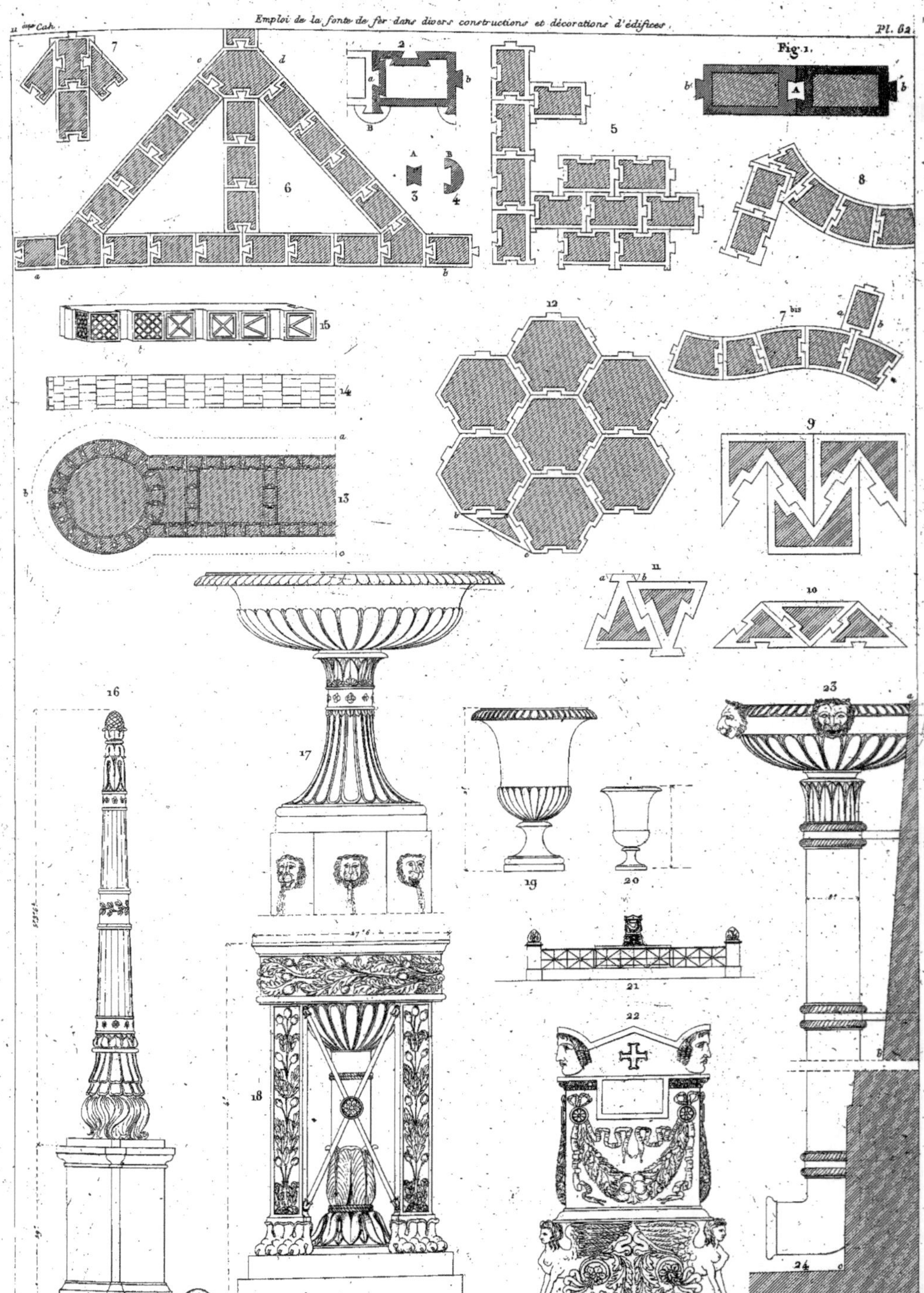
Fig. 1.

Fig. 1
2
3
4
5
9
6
7
8
14
15
16
17
13
12
11
10
M

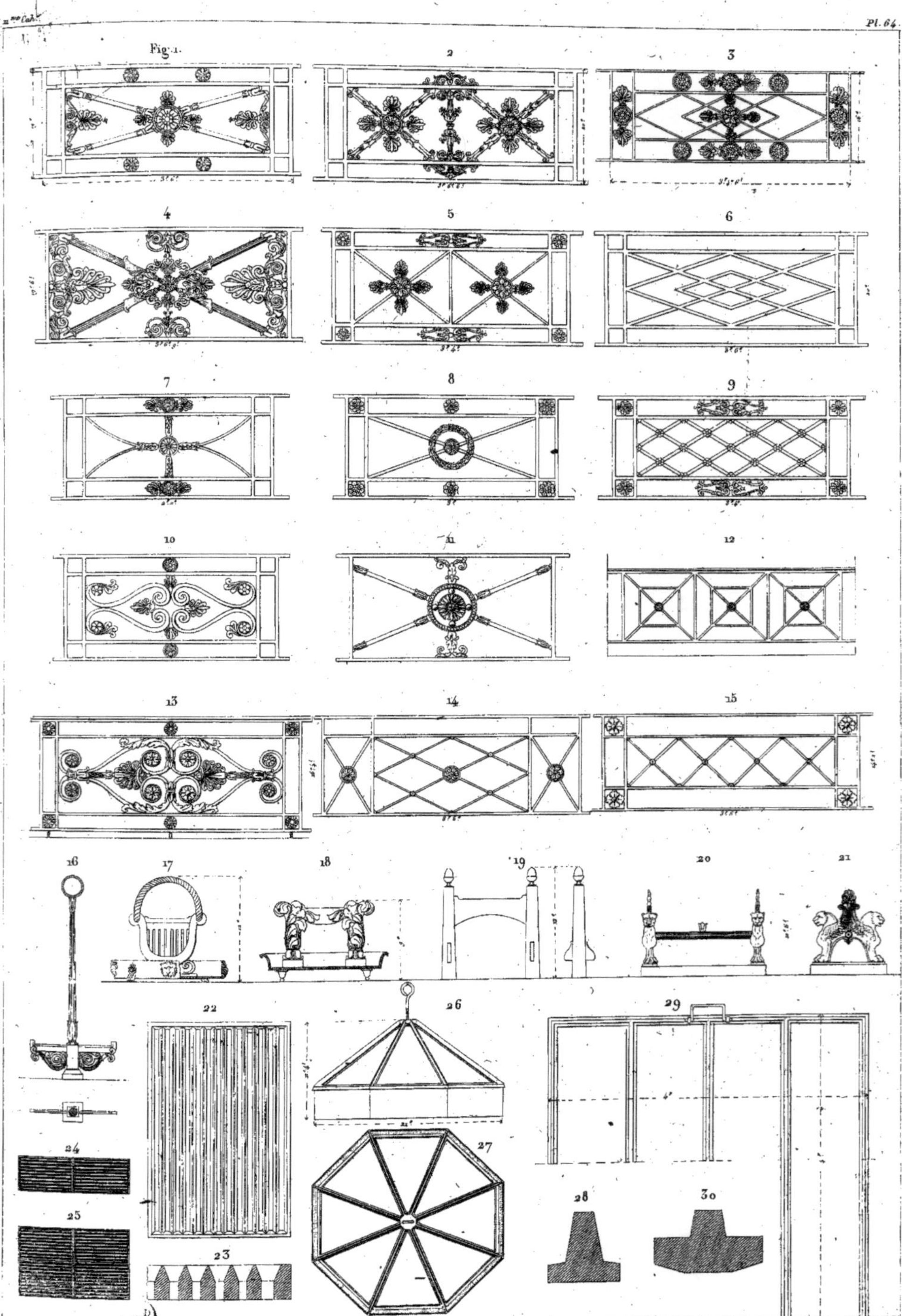

Fig. 1.
2
3
4
5
6
7
8
9
10
11
12
13
14
15
16
17
18
19
20
21
22
26
29
24
25
23
27
28
30

Fonte de fer, extraite des magasins de Mr Durel fils, M.^t de forges, rue des Quatre-Fils.

Fig. 1.

2

3

4

5

6

7

Dessiné et Gravé par Thiollet.

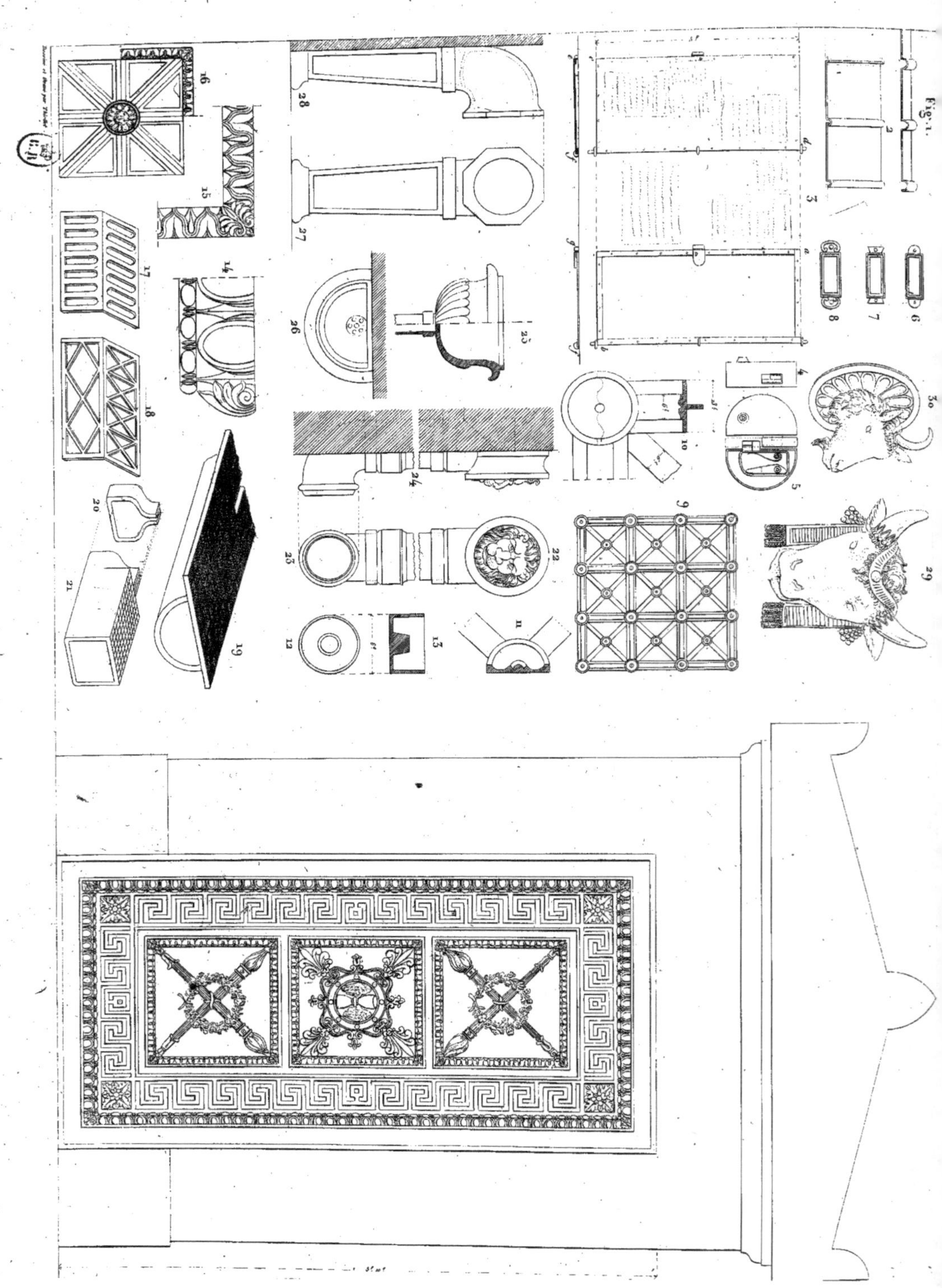

Fig. 1.
6
7
8
9
10
5
20
2
31
11
19
22
21
14
13
12
17
18
24
23
15
16
29
28
27
26
25
30
3
4
Dessiné et Gravé par Thiollet.

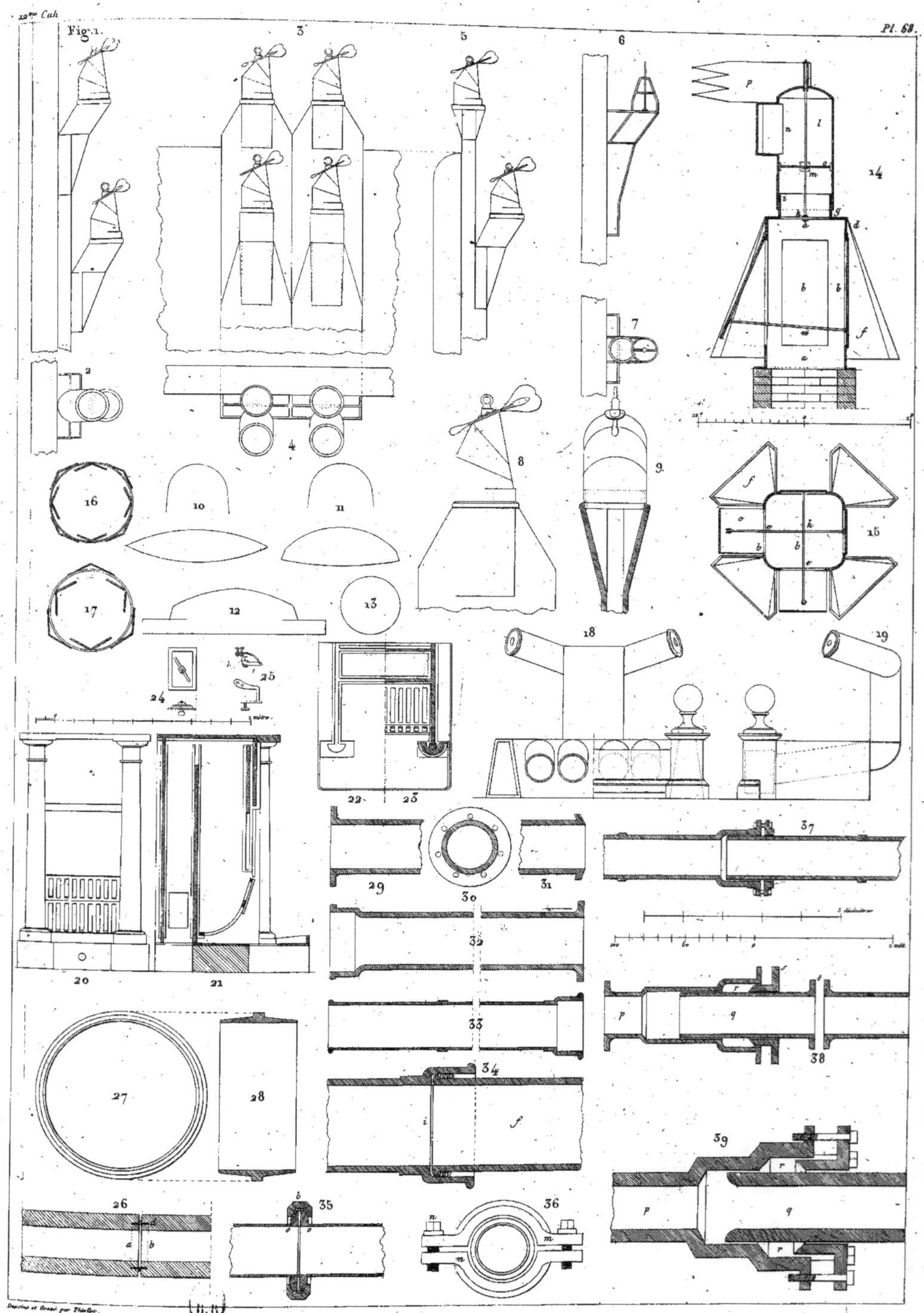

Fig. 1.
Pl. 68.

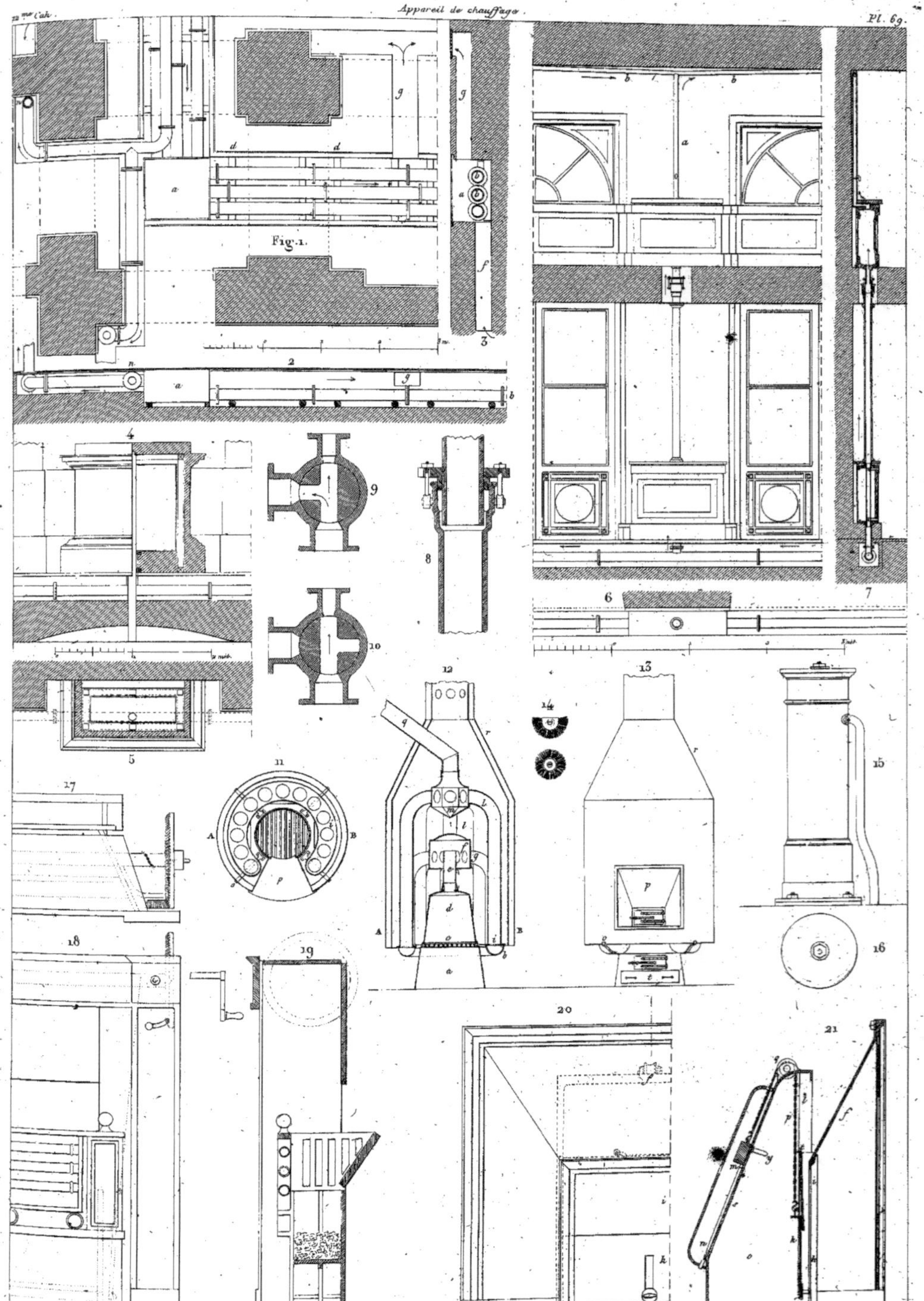

Fig. 1.
Fig. 2
Fig. 3
4
5
6
7
8
9
10
11
12
13
14
15
16
17
18
19
20
21

12.me Cah.
Pl. 70.
Fig. 1
2
3
4
5
6
7
8
9
10
11
12
13
14
Dessiné et Gravé par Thiollet.

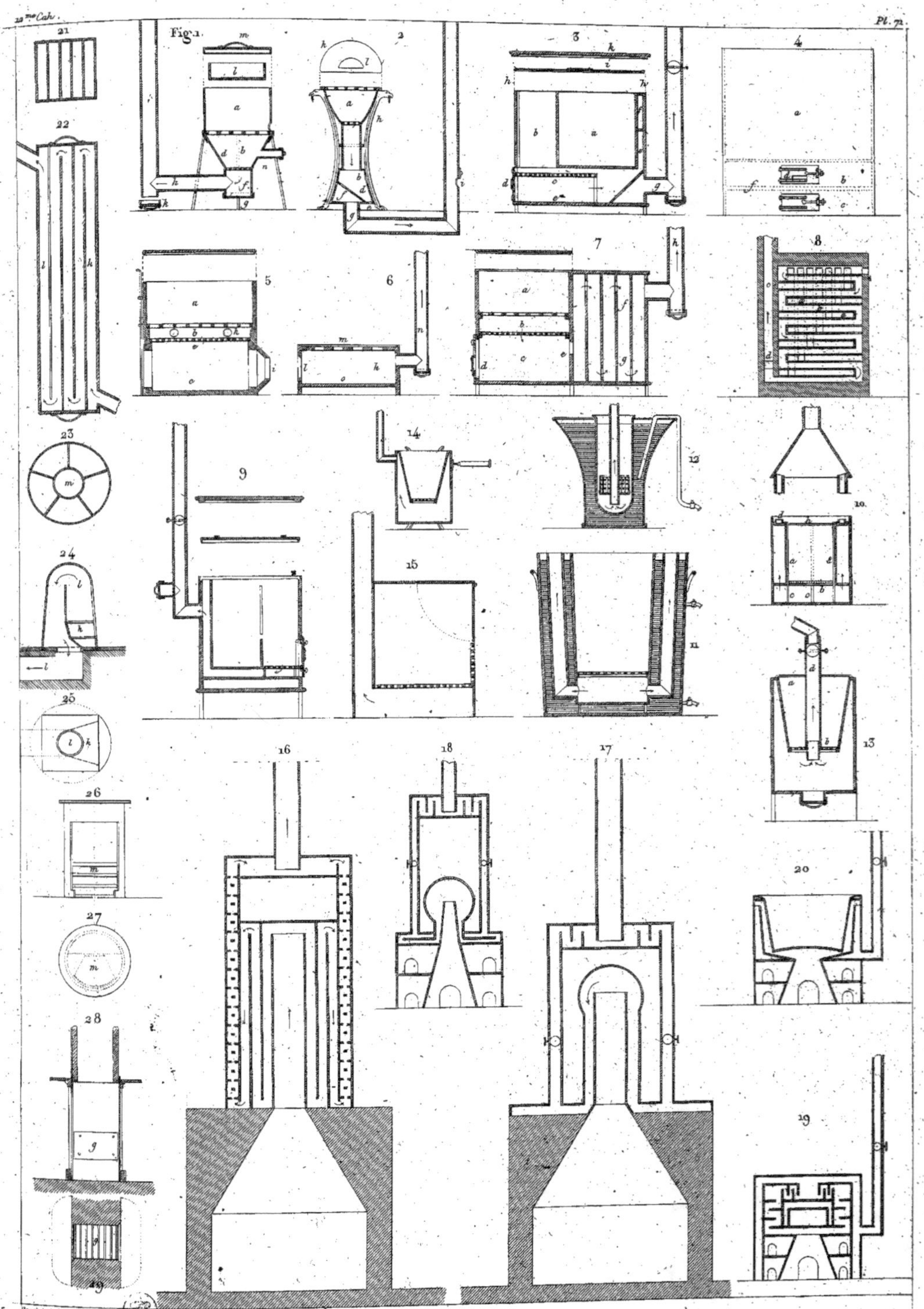

12.me Cah.
Pl. 7.
Fig.1
Dessiné et Gravé par Thiollet.

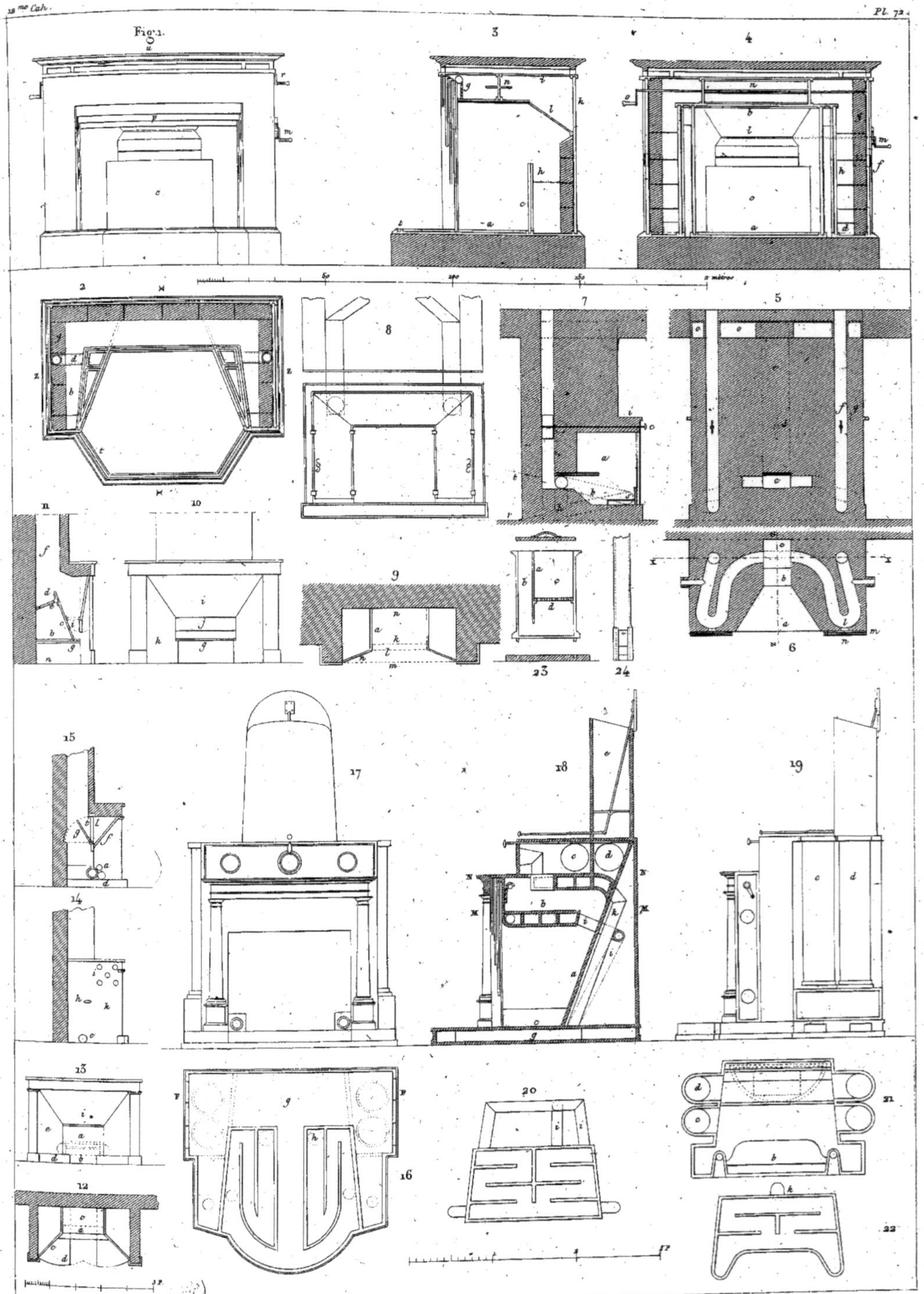
Fig. 1.
3
4
2
8
7
5
10
9
23
24
6
15
17
18
19
14
13
16
20
22
12